20 世纪世界核工业重大火灾事件纪录

生态环境部核与辐射安全中心　张　弛　编著

中国原子能出版社

图书在版编目（CIP）数据

20世纪世界核工业重大火灾事件纪录 / 生态环境部核与辐射安全中心，张弛编著. — 北京：中国原子能出版社，2020.12

ISBN 978-7-5221-1171-1

Ⅰ. ①2… Ⅱ. ①生… ②张… Ⅲ. ①核电厂-火灾事故-史料-世界-20世纪 Ⅳ. ①TM623.8

中国版本图书馆 CIP 数据核字(2020)第271498号

20 世纪世界核工业重大火灾事件纪录

出版发行	中国原子能出版社（北京市海淀区阜成路 43 号　100048）
责任编辑	付　凯
装帧设计	崔　彤
责任校对	冯莲凤
责任印制	潘玉玲
印　　刷	河北宝昌佳彩印刷有限公司
经　　销	全国新华书店
开　　本	787 mm×1092 mm　1/16
印　　张	13.5
字　　数	337 千字
版　　次	2020 年 12 月第 1 版　2020 年 12 月第 1 次印刷
书　　号	ISBN 978-7-5221-1171-1　　**定　　价**　**54.00** 元

网址：http：//www. aep. com. cn　　**E-mail：atomep123@126. com**

发行电话：010-68452845

前　言

自从1895年德国物理学家伦琴发现X射线，核科学就成为一门重要学科，为人类社会发展和生产方式带来了不可逆的变化，也为人民生活带来巨大福利。

但是随着民用核事业的快速发展，特别是其前期发展中的军事性和保密性给公众所造成的神秘感，其负面影响逐渐显现。特别是历史上三次重大核事故，给社会和公众以强烈冲击，核安全逐渐成为事业发展的生命线。

经过60多年的发展，我国已成为世界核大国之一，在建核电机组数量近年来长期居世界第一位，运行核电机组数量已成为世界第三位（见《中国核安全白皮书》）[1]。当前随着人们对核安全逐渐了解和认知，核安全已成为未来核电在国家战略中发挥多大作用的关键和决定性因素。

核工业界开始发展时，对火灾事件并非不重视，相关设计者在初期就开展了大量研究，设置了众多防护设施和管理手段。例如，早期的石墨堆，不管是苏联的奥布宁斯克核电厂，还是英国的卡德霍尔核电厂，可燃性一直是设计防护要点。只是随着核设施的系统逐步复杂，反应堆功率逐渐放大，核电厂成为全球社会化大生产中最为复杂的工业设施之一后，各类内外部风险交织融合在一起，识别和应对难度日渐困难，常规安全和核安全都很复杂，设计和防护的难度急剧增大。

截至2019年年底，世界核电机组总共运行超1.8万堆·年的实践表明，核电厂的防火（核行业惯用术语，等同于“消防”）是与安全生产紧密相关的，有的火灾事件甚至已经对核安全构成了直接危害。在核电厂内部发生的各级各类事故中，火灾占较大比例，如1986年苏联切尔诺贝利核电厂发生的严重核事故是直接与火灾事件紧密联系在一起的。在发生蒸汽爆炸后，由于大量石墨暴露在高温环境中而不断燃烧，火灾中形成的大量热和烟尘作为载体把堆熔事故中产生的大量放射性核素传播到电厂周围几十公里乃至更远的地区，构成大面积区域性核事故。其他如美国布朗斯弗里核电厂和西班牙范德略斯核电厂的火灾事故，均导致投产时间不长的核电机组提前退役，造成巨大的经济损失。日本福岛第一核电厂核事故虽是由外部极端水淹引发，反应堆内部发生氢气爆炸和堆芯损坏，但事故后通过广泛传播的电视媒体可知，4号机组乏燃料贮存池处附近的同一位置于3月15日和16日两次起火，致使放射性物质进一步释放到大气中，周边辐射水平有所提升。由于无法靠近，火灾原因不能准确判定，其中一次事故推测为水淹后电气短路造成的短时间着火。

根据美国核管会NRC提供的资料，在1995年1月—2007年12月期间，美国65座核电厂中的54座共发生过125起火灾，这些火灾全部被认为属于“安全重要性有限”的事件[2]。

进入21世纪，虽然各国均大力加强了消防管理，但是核设施火灾事件仍层出不穷。据不完全统计，有下列事件：

● 2000年5月15日，美国代阿布洛峡谷1号机组因电气火灾而自动停堆，并发生了蒸汽泄漏；

● 2001 年 2 月 3 日，美国圣奥诺弗雷核电厂电气开关室的火灾；

● 2001 年 3 月 18 日，中国台湾核三厂发生电气火灾；

● 2002 年 2 月 9 日，日本女川核电厂发生火灾，两名工人受到少量辐射，造成轻度烧伤；

● 2003 年 7 月 4 日，日本“普贤”实验堆的焚化炉故障引发火灾；

● 2004 年 2 月 14 日，俄罗斯新沃罗涅日核电厂因机械故障引发火灾，被迫停止运行；

● 2004 年 2 月 22 日，日本滨冈核电厂 2 号机组汽轮机厂房屋顶起火；

● 2004 年 5 月 16 日，法国卡特农核电厂电线短路引发火灾；

● 2004 年 8 月 9 日，日本岛根核电厂 2 号机组放射性废物处理设施发生火灾；

● 2005 年 6 月 30 日，日本滨冈核电厂起火，消防员很快扑灭了大火，无人在事故中受伤；

● 2005 年 11 月 25 日，巴西安格拉 2 号核电厂变压器起火，起火后核电厂自动停堆；

● 2006 年 3 月 22 日，日本大饭核电厂废物处理设施失火，2 名员工因吸入烟雾送医院治疗；

● 2006 年 6 月 7 日，法国布罗圣路易核电厂放射性废物厂房起火；

● 2006 年 10 月 23 日，韩国原子能研究所的核反应堆排气设备由于过热而引发火灾；

● 2006 年 11 月 14 日，瑞典灵哈尔斯核电厂变压器起火并爆炸；

● 2007 年 6 月 28 日，德国克吕梅尔核电厂变压器起火；

● 2007 年 7 月 16 日，日本柏崎刈羽核电厂在遭受 6.9 级地震后 3 号机组的变压器发生火灾；

● 2007 年 7 月 24 日，日本北海道岛泊核电厂建设中核反应堆发生一起火灾，火势不大，未造成严重后果；

● 2007 年 9 月 20 日，日本柏崎刈羽核电厂正在定期检修的 1 号反应堆厂房内发生电缆起火事故，所幸没有造成放射性物质泄漏，也没有人员伤亡；

● 2008 年 8 月 24 日，西班牙范德略斯核电厂 2 号机组发生火灾，迫使核电厂停堆；

● 2008 年 8 月 26 日，我国田湾核电厂变压器起火；

● 2008 年 11 月 13 日，日本女川核电厂发生火灾，反应堆自动紧急停堆；

● 2009 年 3 月 5 日，日本柏崎刈羽核电厂发生火灾，造成一名工人受伤；

● 2009 年 6 月 13 日，中国台湾核三厂 1 号机组变压器爆炸起火；

● 2010 年 3 月 28 日，美国罗宾逊核电厂 2 号机组由电缆故障引起火灾，导致反应堆紧急停堆和主泵丧失轴封冷却；

● 2010 年 4 月 7 日，法国帕吕埃尔核电厂 3 号机组的变压器附近储油箱着火，导致反应堆停堆；

● 2010 年，俄罗斯加里宁核电厂 1 号反应堆户外高压开关发生火灾事故，导致电厂停运；

● 2010 年 11 月 7 日，美国印第安角核电厂变压器爆炸，造成反应堆紧急自动停堆；

● 2010 年 11 月 19 日，日本高滨核电厂 3 号机组柴油发电机室发生火灾；

● 2010 年 12 月 3 日，日本最老的核电厂——敦贺核电厂的核废物库发生火灾，经过工作人员和消防员 1 个多小时的扑救，最终将大火扑灭；

● 2011 年 3 月 11 日，日本女川核电厂汽轮机厂房在地震后发生火灾；

● 2011 年 4 月 11 日，印度盖加核电厂因火灾警报暂时停堆；

● 2011 年 5 月 10 日，瑞典灵哈尔斯核电厂 2 号机组安全壳密封性通风试验时发生火灾；

● 2011 年 5 月 17 日，日本志贺核电厂因电焊操作发生火灾；

● 2011 年 5 月 30 日，日本福岛第二核电厂发生火灾；

● 2011 年 7 月 4 日，法国特里卡斯坦核电厂发生爆炸并引发火情；

● 2011 年 9 月 12 日，法国马库勒核电厂废物处理设施发生爆炸，造成 1 人死亡，4 人受伤；

● 2011 年 10 月 23 日，瑞典奥斯卡港核电厂汽轮机厂房起火；

● 2012 年 2 月 5 日，俄罗斯莫斯科西南部的理论及实验物理研究所发生火灾，现场有黑烟冒出，超过 30 辆消防车及消防员到场灌救，当局宣称事故中没有人员伤亡，也没有波及研究所核材料；

● 2012 年 4 月 2 日，美国卡托巴核电厂 2 号机组重要蓄电池房间区域发生火灾；

● 2012 年 4 月 5 日，法国彭里核电厂 2 号反应堆发生 2 起火灾，自动停堆；

● 2012 年 4 月 25 日，法国费森海姆核电厂非核心机房部分发生火灾；

● 2012 年 9 月 5 日，法国费斯内姆核电厂发生蒸汽泄漏并触发火灾警报器，致使两名工人手部受轻伤；

● 2013 年 1 月 9 日，美国南得克萨斯核电厂火灾，起火的 2 号反应堆随即被关闭；

● 2013 年 6 月 7 日，法国卡特农核电厂 1 号机组变压器发生火灾；

● 2013 年 12 月 9 日，美国阿肯色核电厂 2 号机组因失火而停运；

● 2014 年 3 月 5 日，日本高浜核电厂 3 号机组的变压器起火；

● 2014 年 10 月 28 日，日本玄海核电厂因电路故障起火；

● 2014 年 11 月 30 日，比利时蒂昂日核电厂因火灾停运；

● 2015 年 3 月 31 日，日本柏崎刈羽核电厂 5 号机组汽轮机厂房配线盘起火；

● 2015 年 4 月 27 日，中国台湾核三厂 2 号机组辅助变压器起火燃烧，2 号机组紧急停机；

● 2015 年 5 月 9 日，美国印第安角核电厂 3 号机组变压器故障引发火情，该机组自动关闭；

● 2015 年 7 月 2 日，法国帕卢埃尔核电厂 2 号机组由金属燃烧引起火灾；

● 2015 年 10 月 31 日，比利时杜尔核电厂发电机组因故障爆炸起火；

● 2016 年 3 月 7 日，美国南卡罗莱纳州一核电厂发生爆炸，并引发火灾；

● 2016 年 8 月 23 号，美国瓦茨巴核电厂发生火灾；

● 2017 年 2 月 9 日，法国弗拉芒维尔核电厂发生爆炸，爆炸由机房火灾引发，事故中无人受伤；

● 2017 年 6 月 20 日，法国比热伊核电厂 5 号机组屋顶失火，未造成放射性物质泄漏。

● 2017 年 7 月 4 日，俄罗斯“罗蒙诺索夫院士”号浮动核电厂实验堆在圣彼得堡发生火灾，导致运载核电厂的船只被烧，受灾面积达 172 平方英尺；

● 2018 年 11 月 1 日早晨，日本东京电力公司柏崎刈羽核电厂厂区内发生火灾；

● 2019 年 4 月 29 日，乌克兰里夫涅核电厂 3 号反应堆起火，起火点是一个变压器，火灾一小时内扑灭。

● 2019 年 5 月 19 日，下午 3 时 13 分，中国台湾核三厂发生火灾，半小时后扑灭大火，无人员伤亡，侦测也未发现放射性物质外泄；

● 2019 年 12 月 10 日，日本玄海核电厂变电所起火冒烟，日本原子力规制厅表示事故并未对环境造成影响；

● 2020 年 1 月 8 日，美国南得克萨斯核电厂发生火灾，2 号反应堆随即被关闭；

● 2020 年 7 月 4 号，伊朗纳坦兹核电厂附近在建厂房发生爆炸，现场燃起巨大火焰，未造成影响，也并未造成人员伤亡。

以上案例仅是编者不完全统计，就已超过 60 多起有广泛社会影响的火灾事件。如果逐一深入调查，会有更多数据和信息披露出来。由此可见，进入 21 世纪后核设施消防工作任重道远。

编者在日常防火的审评和研究中，经常困扰于缺乏相关信息而无法深入研究和对比。特别是一些有着重要意义的火灾事件。一旦需要深入分析和研究时，就发现信息严重不足，基本上都只有一两段话，大部分事件连事故序列都未建立起来，也没有足够的边界条件来分析其原因，无法深入到根本原因，严格意义上说，是谈不上借鉴和反馈的。

因此编者在近几年的工作之余，尽自己所能搜集相关材料，着重于 20 世纪核工业起步阶段所发生的较为典型的、有代表意义的事件，以供相关人员工作使用。

为了相对准确、公正地研究，本书的信息尽可能采用来自国际原子能机构（IAEA）、国家核安全监管当局和专业技术单位和人员的文章，特别是避免常规新闻报道所带来的偏差。因为即使是门户网站也经常无法深入探究专业技术内涵，更别提极个别自媒体的“抓眼球”、“拼流量”的之举。

为了更好地了解和加深对核电火灾的影响，编者尽可能地针对不同时代、不同国家，不同反应堆堆型，不同燃料循环设施加以统计和研究，以使其尽量有充分的代表性。

但是另一方面因力量不足，还有很多想研究的事件因信息量太小，不成逻辑，故只能舍弃。这并不代表其他事件不重要，不需要深入研究。如 1963 年美国汉福特后处理厂火灾事件、1967 年英国查佩克罗斯核电厂着火事件、1975 年美国萨凡纳河厂火灾和爆炸事件、1988 年法国格拉夫林核电厂主变压器起火爆炸事件等。

在本书中对事件分级的分析，基本采用 IAEA 的 INES 分级，这样可尽可能对放射性后果加以对比，其和社会公众所一般理解和关注的“严重”略有不同。如日本 2004 年美滨核电厂发生管道破裂进而蒸汽喷发事件，造成 11 人伤亡，社会冲击极大[3]。作为专业人员，从核安全角度来看，该事故未造成不良的放射性后果，单纯从事故后果而言，其一般归类为 INES 的 0 级事件，但是从纵深防御的角度而言，突破了核安全的理念和实践，故其核安全事故评级升为 INES 1 级。鉴于以上原因，本书并未收纳该事件。这不代表该事件不属于核安全管辖和研究范围。

在论述每个事件时，本书都尽量按时序来描述事故发展，以利于研究和分析。这也是本书的一大特点，以区别于其他论述核电厂火灾的书籍。

描述火灾发生时的应对措施，对应事故发展序列，就可了解这些措施的有效性，对灭火设备的设置，以及消防队伍建设，均是有益的建议。

关于事故后果，编者也是尽可能地分别描述火灾的直接后果和最终放射性后果，以区别两者。但是关于火灾导致的放射性后果的增加，现有数据均不支持该项研究的深入进行，只能待未来有意识地加以采集，方可推进此项研究。

对于多个火灾事故研究后发现，核设施火灾的后果包括即时后果，如设备损坏的价值，人员受伤，放射性释放等，还包括后继结果，如长时间停运带来的发电损失，重大火灾甚至会带来反应堆的未到期退役，这个决定可能是多年以后才做出的。在此基础上引申开来，由于某些重要事件带来核安全监管体制的完善，核安全法规标准的完善，也是事故的后续影响，也是从业者关心的要点。所以，在本书中编者尽量总结此类后续影响，以飨读者。

除了文字和数据之外，编者尽可能收集相关信息，多使用图表来表达，使得较为形象便于理解。

有收获也有遗憾。由于公开信息缺乏，可能对苏联核工业发生的火灾事件无法准确地统计和研究。另由于语言难度也较大，笔者收集的信息多是英文材料，不是第一手素材，难免因多次翻译问题有所偏差，在此致歉。

尽管美国和西欧相关信息和数据较为健全，但编者在收集信息时，经常发现对一个事件的描述可能互不相同，略有差异。这种现象有客观原因，如美国自20世纪90年代起，随着对安全了解深入，核工业界普遍开始了反应堆功率提升计划，通过二回路等的挖潜，发电功率也可能有所提升。所以如果信息选取时间有差异，对反应堆的描述也会有所不同。另外还包括20世纪90年代NRC开始的许可证延续工作，故即便是美国来源素材，也有偏差，如部分材料将中国台湾马鞍山核电厂事件发生时间错认为7月1日，而不是7月7日。

要注意的是，在总结过去二十年的经验教训基础上，在尊重技术原理的前提下，IAEA在新发布的安全导则中，将火灾和爆炸事件归并到一起来加以应对，见参考文献[4]。本书在编纂中未包含爆炸事故，如1957年苏联的乌拉尔地区后处理设施爆炸事故，1961年美国爱达荷军用堆蒸汽爆炸事故，1969年瑞士第一座实验核电厂LUCENS爆炸事故，以及2001年日本滨冈核电厂氢气爆炸事故等，这些事故因为没有明显起火而未被本书汇总统计。未来将进一步收集资料，不断完善。但是对于爆炸风险的监管，我国国家核安全局通过新发布的《核动力厂防火与防爆设计》（HAD 102/11—2019）加以监管，编者作为该导则的作者之一，将该文件作为附录在书后予以共享。

另外要注意，据国外统计，火灾和爆炸是潜艇事故的头号杀手。自1900年以来，在非战争情况下，世界共发生各种潜艇重大事故170余起。其中二次世界大战后至2000年，发生潜艇非战斗沉没事故92起（含核潜艇18起，造成900多名艇员遇难）。导致核潜艇沉没的主要原因是火灾（约占38%）、进水（约占19%）和爆炸、碰撞、操作失误等（约占37.5%）[5]。另据英国国防部透露，过去25年中英国核潜艇共发生266起火灾事故，其中74起发生在弹道导弹核潜艇上。3起事故发生于潜艇停靠在海军基地时，这3起事故中有1起发生在弹道导弹核潜艇上。266起火灾中有243起火灾被分类为“小型”局部火灾，如轻微的电气故障引发的烟雾。有20起“中型”火灾仍认为是局部火灾，如机械设备故障引起的烟雾和火焰，需要使用艇上灭火资源应对[6]。限于资料的不掌握，本书未包括军事设施如潜艇事故，例如1989年苏联“共青团员”号核潜艇因火灾而最终沉没，造成4人直接死亡，38人间接死亡的重大事故。未来希望有其他专家能汇总相关资料。

研究发现，21世纪以来核设施火灾事件从数量上已大大减少，且事故后果也相当小。

这说明多年的消防工作的有效性，但不能说没有进一步研究的必要。一是爆炸的风险日益突出，需要和火灾一起联合研究；一方面过去火灾防护工作中由于保守性是否足够或者过量，也需要深入研究；还有可能需要考虑外部火灾对核设施的安全影响。

与其他设施相比，核工业界的火灾事件有其特殊性，但是归根结底，又有其共性。我国核电消防的管理，依法都由核电行业单独监管，参见《中华人民共和国消防法》[7]。笔者认为，一方面应研究其特点，对症下药；一方面还要和常规工业界联合起来，避免“躲上小楼成一统”的危险。笔者呼吁结合常规工业火灾研发机构共同应对核设施火灾风险。

本书中统计的工作做得多，研究的很不足，有些是直接引用其他文献的原因分析，有的甚至没有深入研究。编者未来将采用相关方法，如原因和因素图法、根因分析法等，对各个事件逐一深入分析，得出根本原因，为下一步改进提供素材。

相对其他国家，我国核电厂火灾工作做得比较好，事件发生率较低，影响度也小，这归结于我国核电的后发优势，以及广大消防工作者的努力。但进入 21 世纪以来，随着我国运行核设施数量的增加，运行年限的逐年增长，未来火灾和爆炸风险的应对是保障核电厂运行安全的一个重点。

笔者希望未来可以对我国已发生的火灾相关事件开展调研，如多个核电厂变压器火灾事件，某核电厂周边山火事件，某核电厂电缆沟内起火事件，推进相关研发工作，加强核安全监管，为我国核工业界防火工作做出贡献。

研究的最终目的是采取有效措施，包括设计和运行手段，避免再次发生，特别是避免在类似的电厂发生。希望本书对我国石墨堆、快堆可能发生的火灾的预防和应对有所帮助。

最后，为了利于使用和借鉴先进国家经验，编者将我国消防法的相关条款，核安全防火相关导则摘录出来，为我国核工业界的设计、运行和监管服务。

最后由于从事该专业时间较短，水平所限，再加上编辑时间紧张，难免有所疏漏，请各位专家不吝指教。希望本书这一“跬步”，共同推动核设施消防工作的进步，以致未来的“千里”，切实推进重大风险防范化解，保障我国核工业健康、可持续的发展，为实现碳达峰和碳中和贡献核能力量。

笔者于 2020 年北京深秋

目　录

1　英国温斯凯尔核电厂事故

1.1　背　景

二战后，随着能源应用的快速增长，英国煤炭生产供应不足，致使成为煤炭进口国，因此英国将目光转向核能的和平利用。20世纪50年代初，世界范围内核电产业尚未起步，英国是世界上当时唯一准备大规模发展核能的国家[8]。1955年，英国颁布了“第一核能项目”白皮书，规划了未来十年核能发展计划，即打算在1955年到1965年间建造一系列发电容量为1500~2000兆瓦的核电厂[9]。随后英国又对“第一核能项目”进行了大幅度提升，拟达到5000~6000兆瓦的规模[10]。1956年，英国建成了世界上第一座大型商业核电厂（产钚、发电两用的石墨气冷核电厂——卡德霍尔核电厂，其电功率为92兆瓦），并且向电网输送电力。女王伊丽莎白二世出席了落成典礼，自此英国成为世界上最先开始发展商业核能的国家之一。

作为英国军事核工业的一部分，为了生产有关核材料，英国政府于1947年5月决定在英格兰西北海岸坎布里亚郡的坎伯兰（现称塞拉菲尔德，见图1）二战期间的兵工厂厂址上建造双机组的温斯凯尔（Windscale）核电厂，该种反应堆（当时称为piles）采用天然铀为燃料，石墨为慢化剂，空气为冷却剂。该反应堆设计源头是美国汉福特B反应堆。温斯凯尔1号堆在1950年10月投入运行，2号堆随后于1951年6月投入运行。见图2。

图1　温斯凯尔核电厂厂址（现称塞拉菲尔德）

图2　温斯凯尔核电厂

正在英国大张旗鼓地发展民用核能的时候，1957 年 10 月 10 日发生了温斯凯尔核电厂事故。温斯凯尔 1 号堆发生的火灾是英国历史上最严重的核事故，在国际核事件分级表最大为 7 级的 INES 中位于第 5 级，其对英国核工业和核安全带来了巨大而无法估量的影响。

1.2 设计特征

温斯凯尔反应堆的主要参数如下：热功率 180 兆瓦，石墨慢化，空气冷却，出口温度为 200 ℃；堆芯共有 3444 个水平燃料通道，977 个水平孔道；燃料方面，采用天然铀金属棒（后期随着铀浓缩技术提高，改为 0.92%低浓铀），每个燃料通道包括 21 根燃料元件，燃料包壳采用带肋铝包壳。由于是常压设计，故反应堆未设置压力容器。见图 3。

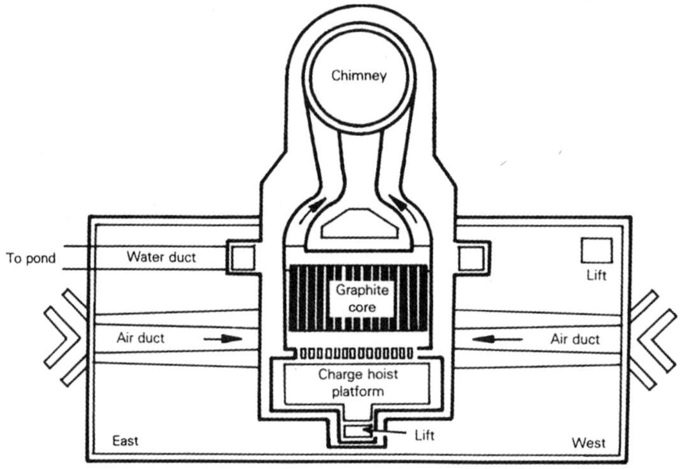

图 3　反应堆布置图（俯视图）

反应堆堆芯由近 2000 吨石墨堆成，每个堆内含有 180 吨铀金属，装在 72 000 多个铝包壳的燃料盒中，分布在石墨慢化剂中的水平通道中。每个燃料盒内铀棒约 30 厘米长，包裹在铝中，以保护其免于直接接触空气。见图 4。为了强化换热能力以更好地冷却燃料盒，盒外侧上设置了翅片。

图 4　温斯凯尔反应堆铝包壳燃料盒

堆芯的前面即“进料面”，按照预先设定速度用金属杆把新燃料盒推进堆芯。见图 5。“烧过”的燃料盒则逐一被推向反应堆堆芯后部，最终从背面即“排料面”被推出，掉入已充满水的通道中，进行冷却及辐射隔离，最后加以收集。堆芯中的链式反应将铀-235 转化为多种同位素，其中包括钚-239，随后使用化学处理方法使之与其他材料分离。由于钚-239 是用于军事用途，为了生产它，因此燃料的燃耗希望保持在较低水平，以减少钚其他同位素份额。

图 5　向堆芯进行装燃料棒操作

该堆最初设计是像汉福特 B 反应堆一样使用通过石墨通道中的水来冷却堆芯。但是，该设计在发生冷却剂失水事故（LOCA）时可能有灾难性后果，其可能导致反应堆在极短时间内失控，而潜在有爆炸可能性。在美国的汉福特厂址，规划并建造了一条长 30 英里的应急通道，以疏散工作人员，从而应对这种可能性。而如果在英国发生类似的事件，设计者认为英国面积较小，无法选出含有 30 英里撤离区域的厂址。所以设计人员使用一个特殊的空气冷却系统来代替水。空气通过堆芯中的通道，经由燃料盒上的翅片冷却燃料，从而冷却堆芯，特别设置一座 400 英尺高的烟囱来强化对流，这样就可以在正常运行条件下产生足够流速来冷却反应堆。见图 6。

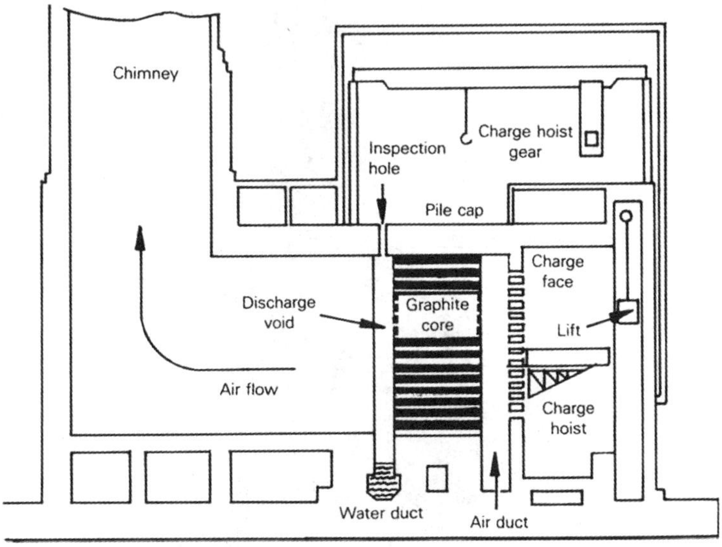

图 6　堆芯横截面（侧视图）

为了确保可进行额外的冷却要求，在堆芯的前部还设置了大型风扇，这可以在某些工况下大大提高气流速度。见图 7。

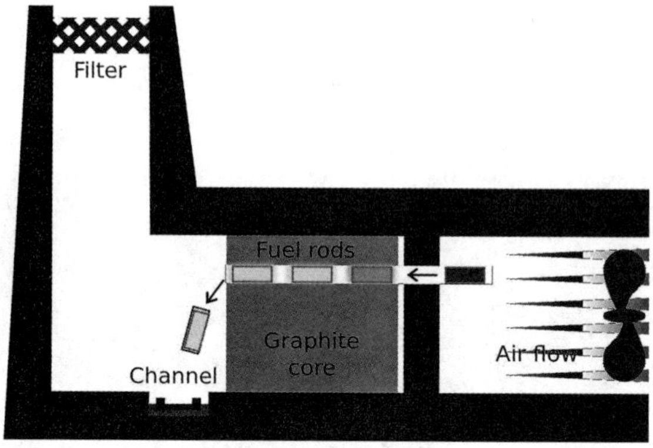

图 7　堆芯换料和冷却设计

在施工期间，参与项目工程建设的物理学家之一 Terence Price 认为，如果燃料盒被推出堆芯，可能出现破裂情况。经分析，这是有可能发生的，如果新燃料盒被推入得太深，导致通道后部的燃料盒错过相对较窄的水道并撞击到其后面的地板。在这种情况下，炙热的铀金属最终可能会起火，破裂扩散的二氧化铀粉尘会溢出，可能通过烟囱而逃逸到环境中。当他在会议上提出该问题并建议在烟囱中添加过滤器时，由于担心更改难度太大，甚至没有在会议记录中记录下来，因此该担忧被略过。

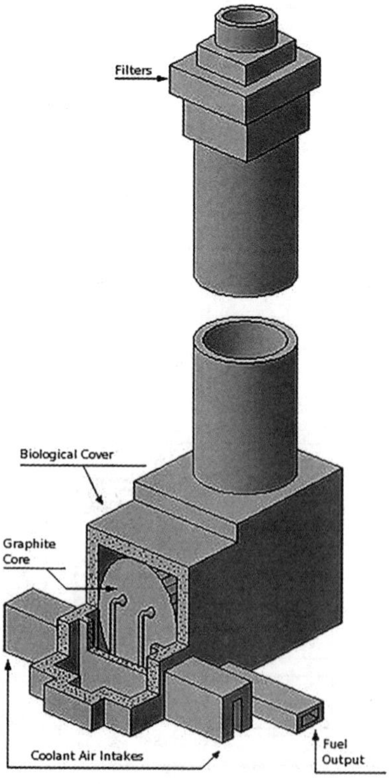

图 8　烟囱及过滤器的设置

领导项目团队的约翰·考克饶夫爵士感到非常震惊，他要求安装过滤器。这就导致在地面上建造烟囱需同时安装过滤器，然后在混凝土凝固后将过滤器固定到烟囱顶部。工人和工程师称该设计为“考克饶夫式的傻事”。见图8。幸运的是，由于约翰·考克饶夫的坚持，反应堆在建设过程中加入了一组过滤器，其在事故时捕捉到很大一部分泄漏的放射性物质[11]。见图9。

图9 烟囱和过滤器

在反应堆设计中，设计人员对铝包壳不放心，认为在运行中存在破裂的可能，为此设置了破损定位装置，内装有辐射探测器，最后实际运行证明的确发生了此类情况。

反应堆正式投入运行后，Terence Price 担忧的情形还是出现了。很多燃料盒未正确掉入水道，因此常常需要工作人员穿过管道，用铲子将燃料盒舀回水中。此外，燃料盒有时会卡在通道中，最终出现开裂。尽管有各项预防措施和多个过滤器，研究者弗兰克·莱斯利仍在场内和周围村庄发现了放射性核素。但是在当时该信息也是秘而不宣的，甚至电厂工作人员也不知情。

投入运营后，营运单位发现2号堆的堆芯温度有时出现特别的升高。与美国人和苏联人相比，英国人对中子环境下的石墨特性没有充足经验。美籍匈牙利物理学家尤金·维格纳发现，当中子轰击石墨时，其原子在晶格中的位置会发生移位，可能会导致化学或物理性质的变化，并造成势能的积聚。这种能量，如果其可以积累，也可以在热冲击下自发释放。该效应称为“维格纳效应”，相关能量被称为“维格纳能量”[12]。

这种可能在核反应堆运行过程中逐渐释放的能量令操作员感到担心，为了避免其不受控地释放，设计者最后确定唯一可行的解决方案，被称为退火。定期采取退火工序释放维格纳能量，低功率工况下，在这个过程中堆芯的温度会短暂升高，操作员可用来加热反应堆堆芯，并配合降低气体流速以提升石墨温度。当加热超过250℃后，石墨变成塑料态，维格纳移位就可以回复到自然状态。这个退火过程是渐进的，并在整个堆芯内均匀释放热量。

1.3 事故进程

1957 年 10 月 7 日，温斯凯尔 1 号反应堆因更换燃料元件而关闭，这完全是一次正常操作，与任何一次更换燃料元件没什么不同，但是负责从燃料管中取样空气、查明元件损坏的可移动式空气扫描传动装置却在高温的状态下出现了故障。在反应堆再次达到临界前，按规定应及时对空气扫描传动装置进行维修。而 10 月 7 日晚 7 点 25 分，在维修技术人员被授权进行维修前，反应堆再一次开始启动，该操作属于正常操作。

10 月 8 日早上，工作人员下插控制棒以关闭反应堆，在此阶段反应堆应释放维格纳能量，并且石墨温度应该升高。之前 1 号堆已开展过 8 次退火操作[13]。但是，在停止反应堆的一段时间后，操作人员发现第 20/53 号温度指示器显示反应堆堆芯温度下降，然而这并不明显，此外一些热传感器显示事实上反应堆堆芯周围某些地方的温度升高了。综合这些指数，操作人员认为反应堆并没有释放维格纳能量，并决定对反应堆进行二次加热。这明显是错误的，虽然石墨温度依然远远低于它所承载的最大值，但是此时温度上升速率已经非常高了。在经过 15 分钟的加热后，操作人员再次操作控制棒系统，以等待温度趋于稳定。

10 月 9 日，温度逐渐升高，至晚 10 点 15 分，工作人员意识到反应堆温度过高，这是十分异常的现象。

至 10 月 10 日早 5 点 40 分，由于温度不断升高响起了警报，但并没有引起工作人员的重视。随着不断增加冷空气的进量，温度指数也逐渐降至可接受范围。然而事实最终证明这是短暂的假象。早 8 点 10 分，反应堆堆芯温度再次升高。当维格纳能量释放结束后，堆芯温度应逐渐下降，但监控设备显示更为模糊，而第 20/53 号热电偶表明堆芯温度反方向上升。随着该过程的持续，温度继续上升，最终达到 400 ℃。为了帮助冷却，加大冷却风扇功率，以增加气流流速。

10 日下午，烟囱中的辐射探测器显示存在放射性释放，并且假设燃料盒已存在破裂。这不是一个非常致命的问题，而过去也发生过此类情况。但是操作人员不清楚，燃料盒不但已破裂了，而且还引发了火灾，这是第 20/53 号热电偶异常加热的原因，这不是维格纳能量释放造成的。

风扇加速增加了通道中的气流，但也扇动火焰变大了。火灾蔓延到周围的燃料通道，烟囱的放射性很快就迅速增加。当班工作人员注意到异常烟雾从烟囱冒出来了。堆芯温度继续上升，运营人员这才开始怀疑堆芯已起火。

操作员试图用遥控式扫描仪检查反应堆，但是它已经被卡住了而无法操作。反应堆第二负责人 Tom Hughes 建议人工检查反应堆，所以他和另外一名操作员穿上防护装备来到反应堆的进料面。见图 10。靠近有高温显示的热电偶所在燃料通道的检查塞被拔出后，操作员看到燃料已是红热状态了。

Tom Hughes 后来接受采访时说："拔出检查塞后，我们非常恐惧地看到，有 4 个通道闪着明亮的樱桃红色。"

现在毫无疑问，这个反应堆已经起火了，而且已经可能过了将近 48 小时。反应堆负责人 Tom Tuohy（见图 11）穿上全套保护设备和呼吸器，带上 80 英尺梯子，并将其靠在反应堆盖的顶部，检查反应堆的出料面。在这里，他报告了可见的暗红色发光，其照亮了反应堆背部和后部密封件之间的空隙。火热的燃料盒在出料面上的燃料通道中发光。在整个事件中，他多次返回反应堆上部，并在钢筋混凝土构筑物的背面操作，其要求保持在一定温度以下，以防止其进一步破坏。

图 10　抢险队伍

图 11　反应堆负责人 Tom Tuohy

操作人员不确定该怎么应对。首先，他们试图通过把运行风扇调到最大速度来吹灭火焰，但是这反而助燃了火焰。Tom Hughes 和他的同事努力从火焰周围推出一些没有损坏的燃料盒，从而造成火焰的断断续续。随后 Tom Tuohy 建议尝试通过撞击出现融化现象的燃料盒，使其从火焰中心处退出来，以掉入其后方带有脚手架的冷却池。这种操作被证明没有成功，无论工作人员用多大的力量，燃料盒也无法移动。推动杆子被抽出后发现，其端部红热，其中一个滴着熔融金属而接着使用。Hughes 知道这会造成放射性铀金属熔化，从而造成严重辐射问题。Hughes 后来对同事说，“这个打开的燃料通道是炽热的，没人能知道可能有多热”。

接下来，操作员试图用二氧化碳灭火。现场的新型气冷式卡德霍尔反应堆刚刚收到 25 吨液态二氧化碳，并将其对接装配到堆的进料面上，但仍有一些问题需解决。Hughes 回忆说：“我们只有这点二氧化碳，我绝对没信心它能否奏效。”

10 月 11 日星期五上午，当火灾最严重时，一共有约 11 吨铀在燃烧。温度变得极高（一个热电偶记录到 1300 ℃），受损反应堆周围的生物屏蔽现在处于崩溃的严重危险之中。面对这场危机，Tuohy 建议用水灭火。这是有风险的，因为熔融金属与水接触时会氧化，从水分子中剥离出氧气，并放出自由氢气，这可能与进入的空气混合并爆炸，撕开已劣化的安全密封。由于没有其他选择，运营单位决定执行该计划。

将大约十几条消防水带拖到反应堆的进料面上，其管嘴连接到水带上，并在火焰中心上方约 3 英尺的地方送入燃料通道。Tuohy 再次来到反应堆屏蔽处，并命令打开水龙头，同时仔细观察检查孔，盯着随着压力增加而可能发生氢反应的任何迹象。如果水灭火不成功，可能需要采取进一步措施。

然后，Tuohy 命令除了自己和消防总监以外的所有人员离开反应堆厂房，以便关闭进入反应堆的所有冷却和通风的空气通道。然后 Tuohy 爬上爬下若干次，并报告说，从排放面上观察到跳跃的火焰在慢慢消失。在其中一次检查中，他发现用于观察堆芯的排放面的检查面板被卡住。他报告说，这是因为火试图从任何地方吸入空气所造成的负压导致该现象。他在接受采访时表示："我毫不怀疑，这时火焰试图通过烟囱吸入空气来尝试维持继续燃烧。"

最后，他设法把检查面板拉开了。他描述说："起初，火焰小了，接着火焰减弱，直至开始熄灭。最后我上去检查了几次，直到我满意地说，火已经熄灭了，我一直站在一边。如果你直接面对反应堆堆芯，那么你会受到相当多的辐射。"（尽管受到照射，Tuohy 仍活到 90 岁。）

随后水保持流经堆芯 24 小时，直到堆芯完全冷却。

1.4 事故后监测和干预

考虑到火灾可能产生的严重后果，温斯凯尔核电厂的总经理亨利·戴维采取了一系列的预警措施。首先，亨利·戴维通知附近的警察局长准备应对危机，并且让消防员全力灭火。其次，他派出物理学家对核污染的程度进行调查。可以预见的是，火灾不会造成人员伤亡，但是泄漏的放射性物质会对周围居民及环境造成危害，因此事故最主要的后果在于泄漏的放射性危害。

10 月 10 日下午 3 点，一辆采集样本的货车从温斯凯尔出发，调查下风向地区随风扩散的放射性物质，下午 5 点，第二辆采集样本的货车向北行驶进行相同的调查。

10 月 12 日（周六），当众多温斯凯尔的工作人员认为危机已经过去，并开始从核事故

图 12　厂址周边的农场

紧张的情绪中解脱出来时，新的比大火本身更加危险的潜在因素被发现了。

13 日，物理学者检测分析了两辆货车采集回来的样本后认为，尽管在事故发生的过程中风速和风向不断变化，但是放射性物质被频繁盛行的西风吹到了东面。沉降下来的放射性物质贯穿整个英格兰北部。放射性物质主要成分为碘-131，且主要富集于牛奶中。

正常的碘-127 是人体所需要的，有助于防止甲状腺肿大，然而放射性碘-131 对人体是有害的，人体吸收的碘-131 将累计在甲状腺中，从而可能引发甲状腺癌。

为了确定牛奶中放射性物质的含量，在英国开展了大范围的样本采集工作。10 月 11 日至 12 日，当地牛奶中测出碘-131 的放射性浓度达到了 30 000 Bq/L。但在随后的几周里，放射性物质浓度迅速减少。在其他食品中检测到的放射性物质最大浓度与牛奶类似。

随后政府颁布了牛奶禁令，由最初温斯凯尔附近 36 平方公里延伸到 500 平方公里的范围，涉及 600 个农场。事故发生 6 周后，11 月 23 日出台了更严格的规定。英国政府决定用一个月的时间，将附近 500 平方公里价值约 60 000 英镑的 300 万升牛奶稀释 1000 倍后排放至爱尔兰海。在当时的干预水平下，那些禁止食用牛奶的区域有所扩大，且考虑到放射性污染的后果，将会对包括肉类和牛奶在内的食品执行临时预防禁令。

1.5 公众响应

20 世纪 50 年代原子能的开发与利用是一个新的科技领域，还处于一个比较特殊的位置，对于国家来说，它是级别很高的政治事件，涉及国防领域、国际关系和国家声望。同时由于当时公众、科学家和决策者对温斯凯尔事故的认知水平较低，该事故并不被人所熟知，甚至对于公众来说还是神秘的，当地居民仅仅是从 10 月 11 日在伦敦举行的新闻发布会了解到事故的发生，较之于事故后的牛奶禁令，事故的发生对公众情绪并没有造成巨大冲击与波动。但是随后对于牛奶的禁令却加剧了恐慌情绪。

WINDSCALE WORKS

URANIUM RODS OVERHEATED IN PILE

Radioactivity Check And Milk Supply Ban

WEST Cumberland is slowly recovering from the shock it received last Friday when it was learned that the over-heating of uranium cartridges in the centre of No. 1 Pile at Windscale Works atomic energy factory had resulted in a fall-out of radioactive vapour—but it will be a long time before they regard the atom plants with the same complacency as they have done for the past seven years. Among the effects of that fall-out, which are still in evidence, is the ban on the distribution of milk from an area covering 200 square miles.

Rumours spread like wildfire and all Press inquiries were referred to the U.K. Atomic Energy Authority's Headquarters in London. A strict security guard was placed on the entrance gates to both Windscale and Calder Hall, but there was no restriction on access as far as the boundary fence.

Official Statement

On Friday afternoon the following official statement was issued in London:

"At 4-30 p.m. yesterday it was discovered that some of the uranium cartridges in the centre of Pile No. 1 at Windscale, which was shut down at the time for routine isolation of the uranium and for maintenance work, had become over-heated to the point of red heat. The combustion is being held. The staffs are now injecting water on it from above and the temperature has started to fall. Some oxidisation of the uranium has occurred.

Remained Under Cover

The greater part of this has been retained by filters in the Windscale chimneys. A small amount has been distributed over the works site and in some ... works personnel, as a precautionary measure, have been ...

Windscale Works. The heat of the uranium cartridges in the centre of the pile had shot up to 500 degrees Centigrade, almost double the normal temperature. The uranium was oxidising rapidly and radioactive particles escaped through the filters near the top of the chimney. These particles were in the form of a vapour. Most of it fell within the precincts of the two atomic plants, but some escaped into the atmosphere.

Just how far that vapour travelled was not to be definitely discovered until five days later.

Factory personnel under cover were unharmed, but those working outside were in danger of being contaminated by the fall-out. All workpeople not needed for maintenance, safety or other essential duties were thoroughly examined for traces of radioactivity before being sent home for the week-end.

There were several cases of mild contamination and some of a more serious nature, but all were dealt with by the works medical and nursing staffs. There were no physical injuries.

Manager's Decision

Meanwhile, the Works fire brigade and pile staff fought throughout the night to cool down the overheated pile. After a very thorough research, the works general manager, Mr. H. G. Davey, with the concurrence of his scientific staff, decided that the best method was to deluge the interior of the pile with water.

图 13 当时报纸发布的禁令

英国政府考虑到放射性物质进入环境后对周边牧区畜牧业的影响，事后决定用一个月的时间将 300 万升牛奶稀释后排放至爱尔兰海。牛奶禁令引起了人们较之于火灾更加严重的恐慌。为此，温斯凯尔总经理亨利·戴维举行了一系列公众会议，对于核事故的细节进行了开诚布公的披露，解释了施行牛奶禁令的原因，说明碘-131 的放射范围并不包括蔬菜以及切除甲状腺的牛肉的销售，并对于碘-131 危害和预防措施进行了介绍，承诺对牛奶禁令造成的损失进行赔偿。在经过这些努力后，民众的恐慌情绪逐渐平息。

对比而言，1957 年 11 月在附近艾尔郡发生了煤矿灾难，17 人死亡，11 人受伤。对比温斯凯尔事件，该事件无人知晓，更没有被记住。

1.6 放射性影响

据 1957 年 10 月的每月剂量监测记录显示，参与温斯凯尔灭火和现场清理工作的 466 名人员的平均辐射剂量为 3.52 毫希，其中，最大辐射剂量 43.9 毫希。

放射性物质释放出来，并在英国和欧洲蔓延。

尽管此次核事故并没有造成大的伤亡，但大火导致堆芯中少量裂变产物和放射性产物泄漏，并对当时的环境和公众情绪造成了一定的影响，释放的主要核素如表 1 所示，释放的碘-131 数量比近 30 年后切尔诺贝利事故释放的少 1000 倍。

表 1　放射性核素释放量

放射性核素	估算的释放范围（Ci）
碘-131	16 200～20 000
铯-137	600～1240
锶-89	80～137
锶-90	6～9
钋-210	～240

人员受照总剂量中，50%来自放射性同位素碘对甲状腺的照射，40%来自沉积于地面的放射性物质的外照射，10%来自碘以外的其他放射性核素的内照射。

当时特别关注的是放射性同位素碘-131，其半衰期仅为 8 天，但被人体吸收并储存在甲状腺中。后果是碘-131 的消耗可能会导致甲状腺癌。估计放射性释放引起的其他癌症病例和死亡率各不相同。

另有信息来源，后来的污染数据再统计表明，因为事故中扩散出的核素–钋未被关注，其数值可能比以前估计的更高[14]。

没有人从周边地区撤离。2010 年，对直接参与清理工作的工人（预计会有最高的照射）的研究发现，他们的参与没有显著的长期健康影响。

温斯凯尔厂址开展了去污，其仍在使用中。该厂址的一部分转交给英国核燃料公司（BNFL）后命名为塞拉菲尔德，整个厂址现在由核设施退役管理局拥有。时至今日，温斯凯尔的退役工作仍在进行中。

1.7 事故后果

事故中无人受伤，也没有死亡案例。

1 号反应堆的 150 根工艺管融化，大约有 6700 个燃料盒在火灾中损坏。见图 14。

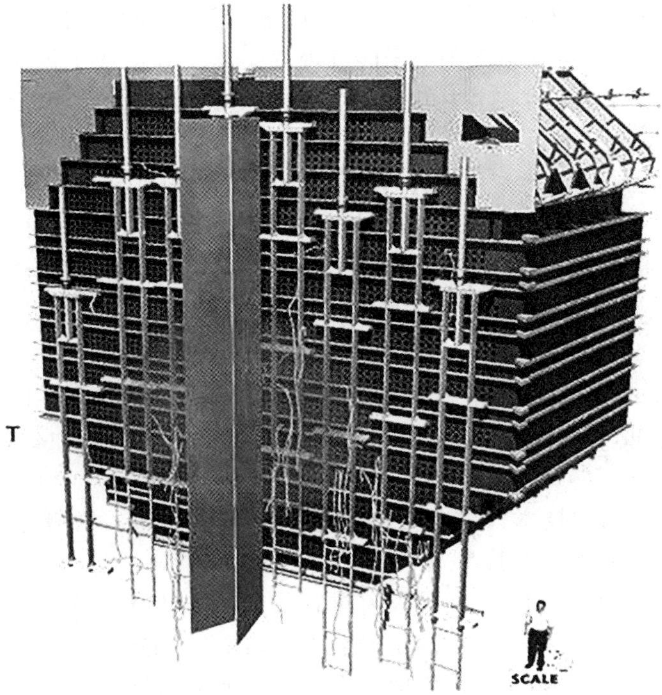

图 14　火灾影响区域

检查显示没有发生石墨火灾，石墨的损坏是局部化的，这是由于附近严重过热的铀燃料组件造成的。

反应堆已无法修复，已不能再继续使用了，事故后尽可能地移除燃料棒，并将反应堆屏蔽密封并保持完好。由于持续的核反应，受损的反应堆堆芯仍然在缓慢轻微发热。

反应堆外壳本身自事故以来一直保持密封，反应堆中含有约 15 吨铀燃料。当时认为，剩余的燃料可能会重新使用。作为退役的一部分，随后的研究排除了这种可能性。反应堆未考虑任何运行安排，直至最终退役终止的 2037 年。

温斯凯尔 2 号堆虽然没有受到火灾的伤害，但认为继续运行也是不安全的。从损坏的反应堆中最后清除燃料计划于 2008 年开始，并持续了 4 年。

温斯凯尔核事故后，英国对于已经运行和在建的核电厂进行了改进和防护安全措施，这使英国建设的核电厂的总体安全性能得到改善。

1.8　事故调查

事故发生后，英国核事务的管理机构原子能管理局立即进行了调查。由威廉·彭尼勋爵领导的事故调查小组于 10 月 17 日赶赴核事故现场。彭尼勋爵随即下令停止 2 号反应堆的运行，以方便调查小组对核反应堆设施进行详细调查，同时他下令 1 号反应堆的所有核燃料应安全处置和对待。

调查委员会于 1957 年 10 月 17 日至 25 日在威廉·彭尼勋爵的主持下举行会议。最终报告（简称“彭尼报告”）提交给英国原子能管理局主席，并形成了提交给政府白皮书的基础。该报告本身于 1988 年 1 月在公共档案处公布（1989 年发布了一份经修订的誊本，以改善原始录音的转录工作）。

在 1957 年 10 月 26 日，火灾扑灭后 16 天，向英国政府提交了报告，“彭尼报告”得出了四个结论：

1）事故的主要原因是 10 月 8 日发生的第二次核加热，该行动实施得太早和太快。

2）一发现事故，为应对该事故而采取的行动是“迅速而有效的，并表现出相当大的奉献精神”。

3）为应对事故后果而采取的措施是足够的，并且“对公众或温斯凯尔的任何工作人员的健康没有立即的损害”“任何有害影响是极不可能发展的”，但是该报告对技术和组织的不足是持批评态度的。

4）需要进行更详细的技术评估，推进管理组织机构完善，对健康和安全的责任更明确，并且更好地界定辐射剂量限度。

调查小组的报告出版后，11 月在下议院进行了辩论。该报告表明，事故是由人为和设备原因共同引起的，但彭尼勋爵称赞了温斯凯尔核电厂员工应对事故采取的及时而有效的措施。哈罗德·麦克米伦首相在阅读了报告之后，由于担心危及英美之间的核合作及英国核设施的出口，因此决定仅公布“彭尼报告”摘要，完整报告仅在 30 年后公开，其为洛娜·阿诺德书中的附录（见图 15）。

随后 11 月 8 日，英国政府发布了白皮书，对事故进行了总结[15]。

在这次调查之后，又有三个委员会成立，分别来调查原子能管理局的技术、健康安全和组织三方面的问题，并且对彭尼勋爵的调查报告提出建议，三个委员会都由帝国化学工业公司主席亚历山大·弗莱克爵士主持。

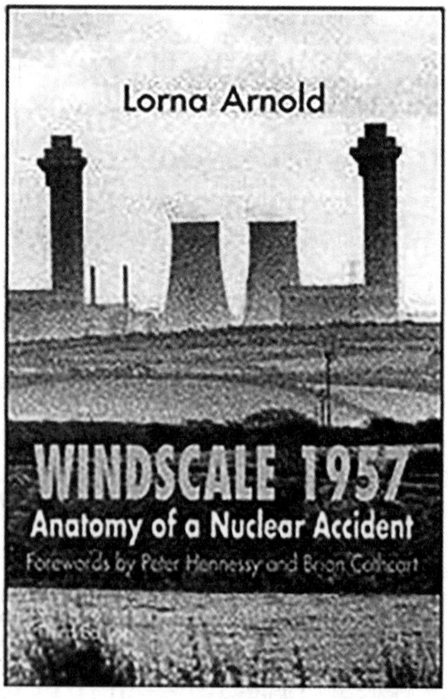

图 15　洛娜·阿诺德著作（2007 版）

调查的最终报告于 1958 年 7 月公布，调查报告认为 1 号反应堆已经完全损毁，而 2 号反应堆必须加以维修并配置额外的监控设备。2 号反应堆所储存的维格纳能量必须得到释放，同时不建议今后使用核加热的方式运行。鉴于 2 号反应堆的维修费用极高，因此原子能管理局最终决定关闭 2 号反应堆，而没有遵从报告的建议。

当时英国原子能管理局的一些资深和有经验的专家对这一解释表示怀疑，并指出有证据表明 AM 燃料盒（镁–锂合金制成）可能是火灾的源头。“彭尼报告”被提交给弗莱克委员会，证据如 1958 年从第 2 号堆中拆除的严重损坏的 AM 燃料盒，倾向于支持这种观点。但是有一个结论是，有些受打击的英国原子能管理局想在事故发生后“继续前进”，“彭尼报告”

确定的事故原因应该被视为“最后一句话”。

无论火灾的具体原因是什么，很难不同意洛娜·阿诺德书中的观点，即温斯凯尔堆的运行事件是“即等待迟早要发生的事故”[16]。

事故后分析认为，本次事故的主要原因是在第九次退火过程中，维格纳能量不受控制的局部释放导致燃料元件起火（并非石墨起火）；而另一些研究者认为，堆内石墨着火而非铀或镁-锂合金是火灾源头。该质疑被“彭尼报告”所拒绝。

1.9　后续影响

温斯凯尔事件最终被定为 INES 5 级，是切尔诺贝利事件前核电厂最严重的事件之一，其对英国和世界核工业发展都产生了极其深远的影响。

20 世纪 50 年代，英国在着力研制核装备的同时也在不断发展民用核能。政府一方面不断创立核威慑力量，另一方面由于化石能源相对匮乏（直至北海油田的发现），考虑到能源安全，英国核电项目也处于至高无上的地位。而温斯凯尔核事故对当时英国军用和民用核技术发展都产生了一些负面影响，尤其是对英国核电产业的冲击。该核事故似乎“揭示石墨气冷堆的技术基础是不可靠的”，许多专家担心温斯凯尔核事故意味着“第一核电项目”所建造的那批镁诺克斯型核电厂的寿命会缩短，或者可能会再次发生此类核事故。温斯凯尔核事故发生在英国民用核电产业急速发展期，一定程度上抑制了蔓延全英国的核狂热，警告人们在发展先进技术时还要保持冷静与清醒的意识，先进技术的大跃进往往会伴随不可预料的影响。“第一核电项目”的主要目标是保障供应电力，并未特别考虑安全及环境。事故引发出现了反核主义情绪，反核主义者发起了对包括英国军事和民用所有核能项目的抵制活动，这既包括反对武器核试验，要求英国单方面核裁军为主要内容的反核和平运动，又包括以地球之友为代表的一些环保组织对英国核电产业和工业的抵制。

事故发生后，从事相关领域的科研学者对以石墨为慢化剂的镁诺克斯反应堆进行了更加深刻的研究，对石墨属性有了更为科学的认识，相关新认识均应用到先进气冷堆设计改进中，但是后来先进气冷堆型也没有得到大规模发展和国际范围推广。希望我国的高温气冷堆等含石墨堆型能充分吸取相关经验教训，确保核安全。

英国政府先后对核事故进行了两次调查研究，并根据调查结果对英国已建成和在建的核电厂进行了设计改进，成立了权威的负责健康和安全政府分支机构（AHSB）。其成立后迅速开展了一系列工作，涉及辐射防护、设计、调试、运行等。1959 年，英国设立了核设施监察局（NII）。尽管其设立并不是由温斯凯尔核事故直接导致的，但它对核电厂有授权和检查权。从 1960 年起，政府对核电产业法定监管开始取代行业自律，这些措施一定程度使核电厂总体安全性能得到改善。英国和世界其他核国家开始注重安全问题，更加谨慎地发展民用核工业，也更加关注生态环境。

2 加拿大乔克河 NRU 堆事故

2.1 背 景

加拿大乔克河实验室（简称 CRL）是位于安大略省 Renfrew 县 Deep River 畔的加拿大核研究机构，距渥太华西北约 180 公里。见图 16。该设施诞生于 1942 年，是英国和加拿大核研究人员之间合作的结果。实验室于 1944 年开放，1945 年 9 月第一座核反应堆 ZEEP 在此投入运行。

图 16　河畔的乔克河实验室

CRL 是支持和推进核技术，特别是加拿大独有的 CANDU 堆技术的重大研究和开发场所，其在物理、冶金、化学、生物学、工程和独特的研究设施方面拥有丰富的经验。它由原加拿大原子能有限公司的加拿大核实验室子公司拥有，（由 SNC-Lavalin 领导的私营部门财团）根据合同运营。

1944 年，乔克河实验室开始运转后发生了两次重大核事故。第一起事件发生在 1952 年，压力管式重水铀（NRX）反应堆发生功率偏移和部分冷却剂丧失，导致堆芯受到严重破坏。美国前总统吉米·卡特作为海军人员也受命参加了 NRX 清理（编者注：这可能是美国三哩岛核事故后卡特总统能亲自视察发生事故的 2 号机主控室的原因）。见图 17。1958 年发生的第二起事故涉及国家研究通用反应堆（NRU）

图 17　美国前总统吉米·卡特

厂房中的燃料破裂和火灾。这里仅讨论第二起火灾事件。

NRU 反应堆是建在乔克河实验室的 135 兆瓦的核研究堆，这是加拿大国家科学设施之一[17]。

NRU 反应堆设计始于 1949 年，是源自加拿大的设计。它是作为加拿大国家研究理事会在乔克河实验室“原子能项目”的 NRX 反应堆的继承者，是 NRX 之后重要的发展结果。NRX 反应堆在 1947 年开始运行时成为当时世界上最强的中子源，吸引了众多科学家围绕其开展研究。

作为世界上最全面的研究堆之一，NRU 还致力于开发、维护和发展加拿大 CANDU 核电厂的基础知识。虽然 NRU 不发电，但它是加拿大唯一主要的材料和燃料测试反应堆，用于支持和推进 CANDU 设计。NRU 在加拿大核电发展中的历程和作用如图 18 所示。

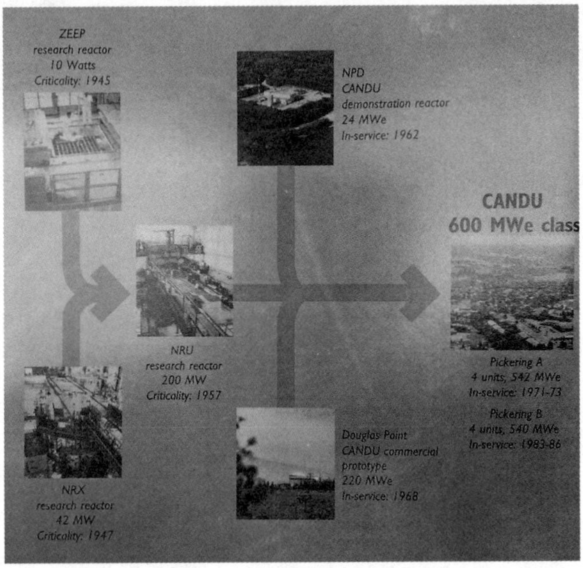

图 18　加拿大反应堆发展历程

2.2　设计特性

NRU 在 1957 年 11 月 3 日上午 6:10 首次临界。它最初设计为 200 兆瓦反应堆，使用天然铀做燃料。在 1964 年，NRU 升级为 60 兆瓦使用高浓铀（HEU）燃料的装置，1991 年第三次转为 135 兆瓦的可使用低浓铀（LEU）燃料的反应堆。

NRU 设计的一个重要优点是可以拆分，以便进行更换。NRU 堆容纳核反应的容器是由铝制成的，其由于受到腐蚀而在 1971 年被替换。尽管可能需要再次替换，但容器再也没有更换过，因为更换需要可能长达一年的彻底停堆。自从 NRX 在 1992 年退役以来，NRU 经过 45 年长期服役而一直没有接替者。

NRU 反应堆的功率水平高达 135 兆瓦（热），使用重水慢化和冷却，其运行容量因子一般为 80%。反应堆运行时可以更换燃料。堆芯容纳在高达 3.7 米（12.1 英尺）高，直径 3.5 米（11.5 英尺）的铝制圆柱形罐子中，由 227 个垂直格架组成，排列成六边形阵列，间距为 19.7 厘米（7.75 英寸）。见图 19。

图 19　六边形垂直格架

控制棒和浓缩铀燃料棒占据大约一半的格架，其余部分可用于低温/低压实验和辐照。还有两个高压/高温实验回路和 6 个射束管设备。见图 20。

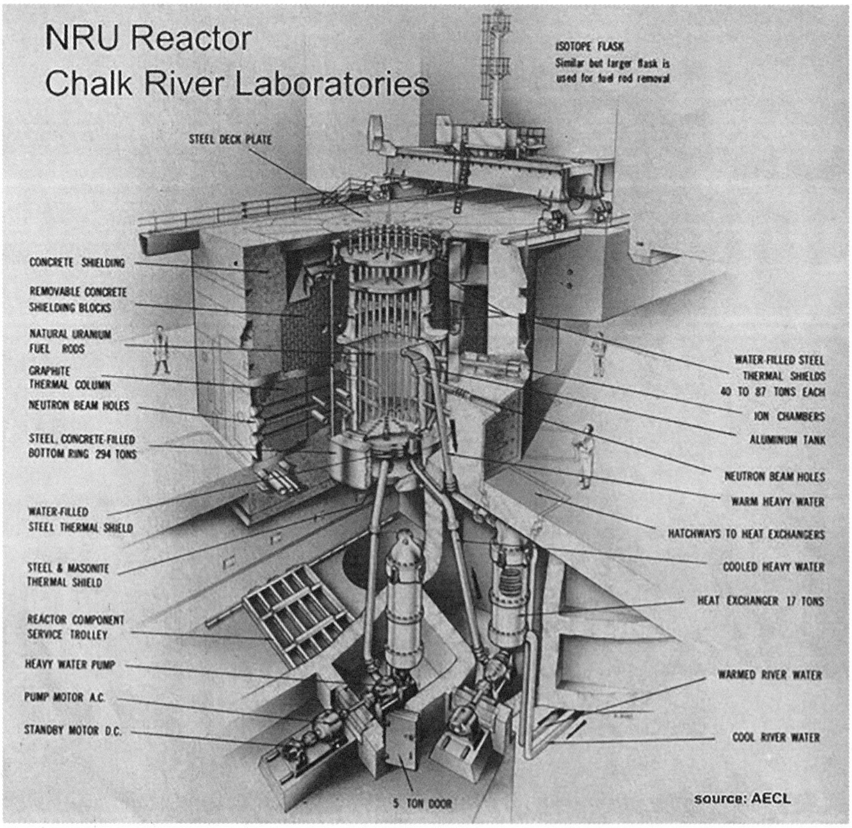

图 20　NRU 堆筒图

NRU 反应堆是可以模拟大型发电反应堆内工况的试验设施。NRU 堆本身不产生蒸汽（或电），但其可在高温和高压下工作。在相关材料用于建设核电厂之前，必须进行测试。因此从 NRU 堆获得的基础知识有助于开发 CANDU 反应堆，其是加拿大核工业的基础。

CANDU 型和全尺寸轻水堆燃料棒束可以在 U-1 和 U-2 高温、高压、轻水冷却回路中进行测试。这些回路的典型中子通量为 2×10^{17} n/m^2/s（快中子）和 3×10^{18} n/m^2/s（热中子）。U-1 和 U-2 回路广泛用于核反应堆燃料和材料的开发和测试。相关参数见表 2。

表 2　NRU 堆试验回路参数

	U-1	U-2
In-core Tubes	1	2
Config	N/A	Series
Location	L-8 E-20	O-17
Coolant	Water	Water
Max. Operating Pressure/MPa	10.0	10.9
Normal Operating Flow/（kg/s）	16.5	20
Normal Operating Temp/℃	302	308
Heat Removal Capacity/MW	4.5	8
In-core Dimensions/mm	103.4	103.4
Length/mm	3000	3000

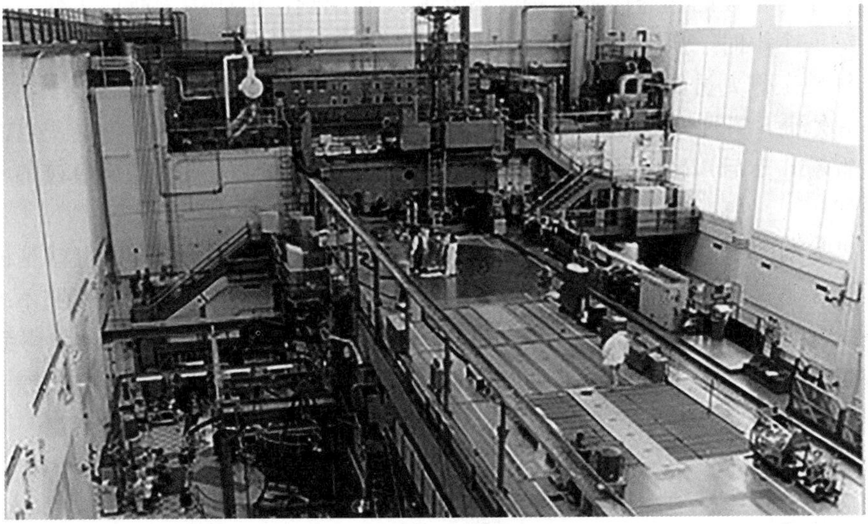

图 21　NRU 堆操作桥

2.3 事故进程和后果

1958 年，NRU 反应堆堆芯内部几根金属铀燃料棒出现过热和破裂。

5 月 24 日，NRU 堆处于停堆状态。工作人员打算在桥架上开展燃料操作时，把受损的金属铀燃料棒用远程控制的吊车移出堆芯。见图 21。在此过程中，其中一个用过的燃料棒没有得到足够冷却，可能在堆芯上方的燃料转移篮燃烧（当时使用的燃料是铀金属，其可在空气中自发燃烧），起火后断成两段。一部分留在反应堆的底部，另一部分卡在转移篮中。当转移篮通过反应堆向旁边的燃料储存区移动时，被卡住的燃料棒的一段三英尺长的部分从转移篮中掉落到桥上的维护坑中，在该维护坑中继续燃烧[18]。

现场技术人员穿着防护装备迅速接力行动，在燃烧的铀燃料上倾倒一桶桶湿沙子，相对较快地（约 15 分钟）扑灭了火灾。

但燃烧的燃料棒释放出致命的裂变产物和 α 粒子，污染了整个反应堆厂房。通风系统被卡在“打开”的位置，从而污染了厂区内可以达到的区域，以及厂房外下风向的相当大区域。估计最少约 0.4 平方公里。

事故后有 1000 多人参与了清理行动。仅 NRU 堆清理就需要 600 多人，包括加拿大原子能公司（AECL）员工，来自佩塔瓦兵营的士兵和安大略省安赖普尔民防部队的工作人员，以及安大略省渥太华的商业清洁公司。所有人员均穿着特殊的污染防护服，通过定时工作程序、长柄处理工具来控制相关辐射剂量。所有工作人员均开展剂量测定，以确保遵守法律限制[19]。

由于伽马辐射很强的穿透性，防护装备几乎没有起到保护作用，所以工作人员只能被允许每次工作约一个小时。所有人员橡胶套装里面的汗水都达到脚踝。人员累积了大量辐射，接近原子能领域工作人员的年允许剂量限制值。一离开受污染区域，他们必须在三个特殊的“去污”站一次卸下一层防护服。然后进行冲洗，用力擦洗掉可能粘附在皮肤上或头发上的任何放射性颗粒。然后用辐射计对身体进行了密切监测，如果检测到任何痕迹的污染物，则返回重新淋浴。

这两起事故后，有 AECL 官方报告强调，这些人很少受到过度辐射，也就是说大多数记录的放射剂量不超过原子能业当时允许的水平。这些报告也意味着接受的辐照不会对健康造成不良影响。20 世纪 80 年代，AECL 和加拿大军人参与清理工作的健康记录得到了科学审查，没有观察到显著的健康影响。然而，作为反核组织的加拿大核反应堆联盟指出，部分受伤的参与 NRU 反应堆抢险的清理工作人员无法申请军事残疾抚恤金。

事故后果：

事故和后续处理中，造成数百加仑辐射水泄漏。

反应堆经过大修，NRU 在当年 8 月再次启动和运行。注意确保没有人暴露在危险的辐射水平下，并且在接下来的几十年里监测了参与清理工作的人员。

经过评定，该事故被定为国际核事故 5 级。

2.4　事故后续

20 世纪 90 年代起，AECL 正式考虑 NRU 的退役，希望推动 10 兆瓦的小型堆设计——多功能应用物理点阵实验（Multipurpose Applied Physics Lattice Experiment，MAPLE），来替代它，而 NRU 预定于 2005 年退役。随着 MAPLE 预算超预期，且出现了“反应性功率系数”与原设计值存在差异等问题，加拿大政府于 2008 年停止该小型堆的开发。

NRU 堆 2008 年又出现了放射性重水泄漏事件。经过 2007 年开始的数次长期停工后，NRU 于 2016 年停运，最终于 2018 年 3 月永久关闭。

2020 年 1 月 25 日，NRU 反应堆厂房的金属杂物柜内发生火灾。发现后，CNL 的现场消防部门得到通知，迅速扑灭了大火。目前正在调查原因。此事件没有造成人员伤亡、放射性物质释放到环境，也没有对工作人员、公众或环境造成风险。此事件已报告给加拿大核安全委员会（CNSC）。

3　美国圣奥诺弗雷核电厂事故

3.1　背　景

位于加利福尼亚州圣克莱门特附近的圣奥诺弗雷核电厂 1 号机组是西屋压水堆（PWR）（见图 22），额定容量为 436 千兆瓦。它于 1964 年 5 月开工，1967 年 6 月首次临界，1968 年开始商业运营，并于 1993 年卸出燃料开始退役。营运单位为南加州爱迪生公司。

圣奥诺弗雷核电厂 2 号、3 号机组分别于 1983、1984 年启动（见图 23）。2001 年 2 月 3 日，2 号机组出现气开关室火灾，致使反应堆自动停堆[20]。2009 年起 2 台机组进行了延寿改造和评估工作，但因更换的蒸发器磨损过快而决定终止延寿。两个反应堆均于 2012 年 1 月关闭，2013 年宣布永久关闭。

图 22　圣奥诺弗雷核电站地理位置图

图 23　厂址布置图

2011 年福岛核事故后，圣奥诺弗雷核电厂的抗震设计受到严重质疑。国会议员引用了 2008 年加州能源委员会的报告，“直截了当地告诫两个核电厂的潜在威胁”。“报告可见，圣奥诺弗雷核电厂设计之初就已预测它或许会经历震级大于 7.0 的地震，而且震级会逐渐变大且更频繁。”[21,22]

3.2 事故描述

1968 年 2 月 7 日，圣奥诺弗雷 1 号机组发生了一起安全壳贯穿件附近的电缆起火，同年 3 月 12 日，在 480 伏的开关站房间内发生了另一起电缆起火。在相距很短的时间内发生两起类似的电缆自燃起火事件，故编者将这两起事件一并讨论，但重点描述和讨论的是 3 月 12 日的事件。

1968 年 2 月 7 日，下午 4:45，该机组以 380 千兆瓦的功率运行，并进行了堆芯相关试验。当操作员注意到加热器实际上未运行时，所有的稳压器、加热器均已开启 96 小时了。大约在同一时间，控制室收到了 480 伏的总线接地警报，并且在控制室中听到一声巨响，并且灯光闪烁。

4 时 47 分，一名安全人员报告说，安全壳的东南侧发生火灾。反应堆操作员将 1 号 480 伏母线切换到 3 号 480 伏母线，这引起了两条母线上的接地指示。随后，反应堆操作员将这两条 480 伏母线转移回正常电源。当 C 组稳压器、加热器的断路器断开时，1 号 480 伏母线接地故障清除（明确指示加热器动力电缆上有接地故障）。

下午 5:10，反应堆和汽轮发电机手动跳闸。事件期间未发现任何异常设备运行，并且对反应堆停堆/冷却工作没有明显影响。灭火工作立即展开，据报道，火势已迅速被控制住（距离最早观察到起火仅有两分钟）。大火是用二氧化碳和安素便携式灭火器扑灭的。

1968 年 3 月 12 日，圣奥诺弗雷 1 号机组再次发生电缆着火，这次是在 2 号 480 伏开关站房间的电缆槽中。火灾时发生机组的运行功率为 380 千兆瓦。

12:21，控制室收到一些警报，包括："入口水位高""480 伏系统接地""电站直流母线接地或低压"和"液压关闭门故障"，紧接着是"加热和通风系统故障"警报。

12:25，控制面板上"汽轮发电机"信号首先丧失，辅助和配电面板上的信号也丧失了。一名辅助操作员报告说，在 2 号机组 480 伏开关房间中冒烟。

12:27，操作员观察到 2 号 480 伏开关站房间的东门窗上方出现蓝色电弧。

12:32，在东门上方的三个电缆桥架中观察到起火。

12:34，反应堆跳堆，并在 12:37 开始机组停机操作。2 号 480 伏母线通过过电流继电器操作清除。

12:35，请求最近的电厂外部消防队（即海军陆战队消防队）提供援助。

12:45，在第一个控制室警报响起 24 分钟后，消防队赶到现场。电动消防泵无法启动。

12:56，因此启动了汽油发动机驱动的备用应急消防泵。

13:00，最初的控制室警报响起 39 分钟后，电厂宣布大火熄灭。

3.3　事故后果

在大火之后的堆芯冷却工作中，操作员发现冷却剂硼浓度在下降，而非预期地逐步增加，因此将冷却下行进程暂停 3 小时 40 分钟，直到问题被诊断并解决。

火灾后的调查显示，余热排出系统吸入和排出阀、循环水系统热交换器出口阀、南列的主厂用水泵和三个报警器面板的电源和/或控制电路均受到影响。

电缆损坏导致以下设备无法使用：

（1）安全注射再循环阀；

（2）循环泵和排放阀；

（3）电动辅助给水泵；

（4）西列的安全注射阀；

（5）通往再循环系统的换料水泵排放阀。

由于 2 号 480 伏总线的继电器断开，以下设备丧失：

（1）西列的余热排出泵；

（2）南列的输送泵；

（3）硼酸注入泵；

（4）硼酸储罐加热器和硼酸系统伴热；

（5）南列的主厂用水泵；

（6）闪蒸罐旁通阀；

（7）东列和西列闪蒸罐排水泵；

（8）冷却水泵的中心部件；

（9）其他几个安全注射阀。

3.4　事故分析

第一起事件对工厂的影响很小，但第二起事件致使大量组件不可用。

为了按程序停堆和堆芯冷却，需要有足够数量的系统和部件可供使用。在控制室中收到的警报至少有一个显然是虚假的，即“入口水位高”警报。位于入口处的操作员没有发现发出此警报的故障。

在起火原因方面，两个事件之间有很多相似之处。调查得出的结论是，引起两起火灾的最可能原因是电缆受到热应力和机械应力，再耦合加上使用单独的保险丝来清除三相 380 伏电路各相的故障。看起来，电缆的设计电流负载尺寸远小于实际安装条件。

最初的故障被认为是电缆到电缆相间的热短路，其中包括来自同一、三相电源总线的两个独立的电源。熔断配置允许故障电流通过每个电源的无故障相进行反馈，从而导致导体出现更严重的过电流情况。图 24 给出了加压加热器的电源电路原理图。在该图中，Isc_0描述了电缆故障后的初始短路，而 Isc_2是随后流经加热器的短路电流。注意，穿过完整的保险丝的 Isc_2部分低于每个保险丝的连续额定值。

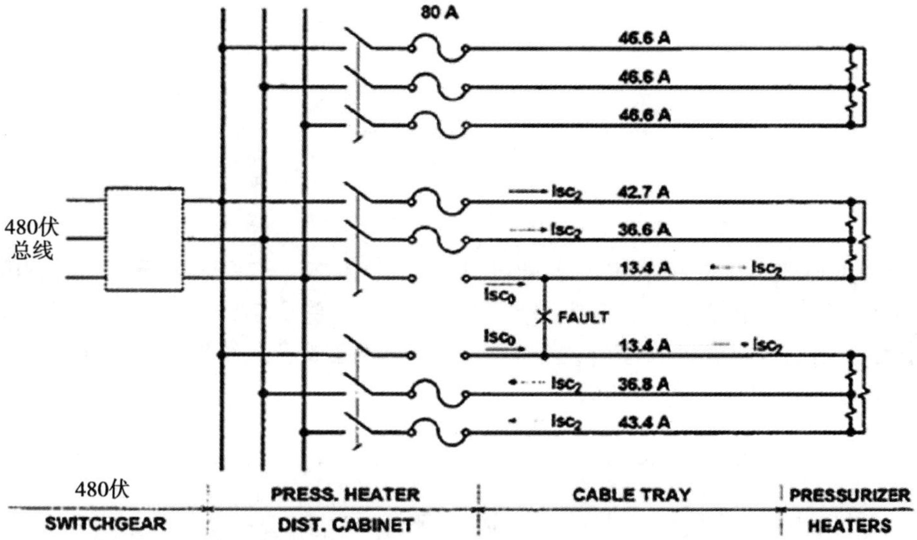

图 24　稳压器、加热器的回路图

这两起事件均涉及自燃式电缆火灾。它们之所以重要，是因为它们是核电厂中最早期的火灾事故，电缆的自燃会导致广泛的设备损坏并降低设备的可操作性。虽然第一起事件几乎没有或没有蔓延开，但第二起事件却将火焰蔓延到三个“完全燃烧了 15 英尺”的电缆桥架。对事故的调查之后提出了一些建议，即建议核工业重新审视电缆的资质，并提高建立电缆载流量限值和改善电缆可燃性的标准。自发生火灾以来，电缆载流量标准已得到大幅改善，现在已明确解决了电缆桥架的应用问题。电缆载流量标准现已得到广泛认可和应用。此外，易燃性标准被纳入通用核电缆鉴定标准 IEEE-383 中。当前美国反应堆中使用的大多数电缆都需要满足此标准。

在这两起事件中，大火都没有造成堆芯冷却能力完全丧失、堆芯损坏、放射性释放或对工厂人员或公众造成任何伤害。现有资料未详细讨论灭火活动、热短路的发生（引发第二次事件的最初电缆故障除外）、其他电路故障的性质或因火灾引起的故障而操作员需采取的措施。

可以说，鉴于自 1968 年以来进行的大量修改（提高载流量标准、改进电缆可燃性标准、增强防火功能等），圣奥诺弗雷核电厂火灾事件发生后，没有发生严重的自燃电缆火灾，这为支持这些修改的有效性提供了重要证据。

4 瑞士米勒贝格核电厂事故

4.1 背 景

瑞士米勒贝格核电厂是单机组沸水堆核电厂。见图 25。该机组设置了两个相同的汽轮发电机（A 和 B），每个发电机额定功率为 162 千兆瓦，总功率即为 324 千兆瓦。该电厂于 1972 年 10 月开始商业运营。在事件发生时，该厂已经完成了汽轮发电机 50%额定功率的测试，正在进行功率提升和运行前调试。

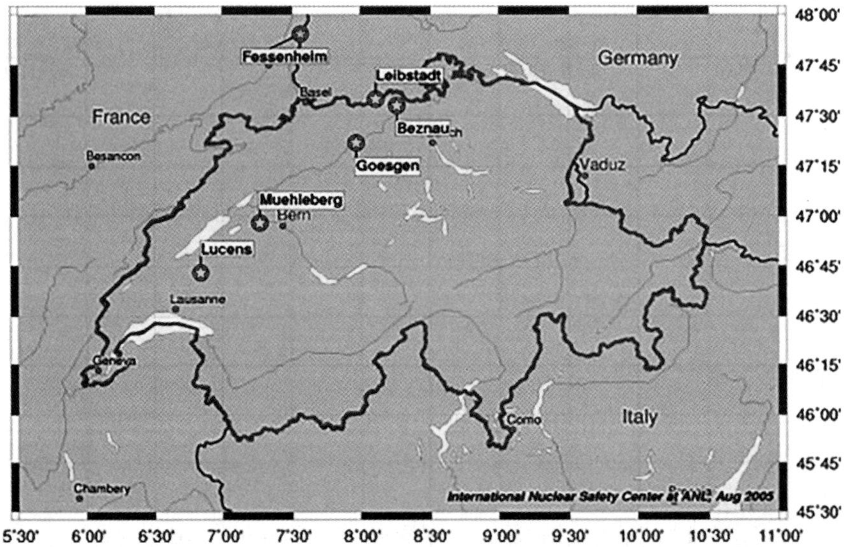

图 25 瑞士核电厂分布图

4.2 事故序列

1971 年 7 月 21 日，大约下午 21 : 18，机组正在运行，功率水平逐渐提高，此时汽轮发电机 B 的油压下降，且给水泵因反应堆中高水位而跳闸。随后启动了反应堆堆芯隔离冷却系统。

后来确定，一个螺纹管松动是漏油的原因。事故发生 15 分钟前刚对管道和螺纹接头进行了检查，并没有漏油的记录。随后汽轮机跳闸，最初进行了紧急降功率，随后进行了完全紧急停堆。

泄漏的机油点燃，并在汽轮机下方起火。点燃的确切原因尚不清楚。怀疑是阀限位开关（松动的螺纹管在阀组件附近）产生的火花、荧光灯的热表面、阀壳体的热表面或由于油浸入阀壳体的石棉绝缘层而引起的自氧化作用（后一种现象后来在实验室环境中证明是合理的）。

图 26 电厂厂址图

事故后调查发现，起火的确切时间已无法确定。火灾是由一名机械工程师发现的，其正在汽轮机厂房外，感受到压力的波动。由此可以推断可能发生了某种形式的爆燃或爆炸。一个合理的解释是，假定高压油管出现泄漏，随着泄漏的发展，一定数量的油以细雾的形式释放出来，然后点燃，引起轻微爆炸。工程师立即打电话给控制室。

约 21 : 19，电厂现场消防部门发出警报。考虑到机油压力下降和报告发生火灾的时间，应该是很快就发现了火灾。

21 : 24，三名操作人员带着呼吸装置进入汽轮机厂房，发现灯已熄灭，大楼内弥漫着浓烟。

21 : 32，发电机跳闸。

21 : 40，人员总数清理完毕。

21 : 43，接到通知约 24 分钟后，当地消防队到达了该工厂。

21 : 53，消防员穿着自给式呼吸装置进入汽轮机厂房。

火灾最初仅限于汽轮发电机 B 下方的油火，但后来蔓延到也位于汽轮发电机下方的两个电缆桥架中。见图 27。排气扇用来清除构筑物内的烟雾。随着烟雾开始清除，在油箱顶部发现了明火。最初认为油箱起火了。但是，很快发现汽轮机下方电缆桥架中的火已经通过墙上的开孔水平传播到油箱上方的电缆管道中。管道位于构筑物中与汽轮机相邻的部位。

22 : 02，消防员使用梯子卡车开始在汽轮机厂房的天花板上喷水。使用雾化喷嘴灭火。另外，由于可能会暴露在明火中，因此必须要关闭排气扇。

22 : 15，接受过自给式呼吸装置使用培训的其他工厂人员进入汽轮机厂房，协助灭火。

22 : 56，注意到火势正向上蔓延到汽轮发电机组的上部。

23 : 25（收到异常情况的第一个迹象后约 2 小时 6 分钟），火势得到控制。

7 月 22 日 00 : 30，消防员的工作完成。

必须注意，大火并未损坏任何与安全相关的电缆和设备。操作人员设法正确地启动和维持停堆冷却功能，未遇到任何重大困难。

4.3　事故后果

汽轮机厂房本身遭受了广泛的破坏。据估计，75%的屋顶覆盖物、60%的窗户和 50%的油漆面受到严重破坏。构筑物的梁部分发生变形，汽轮发电机 B 附近的混凝土表面、许多格栅和墙体隔热板受损。除电缆和电气设备外，主要机械设备几乎没有遭受直接损坏。但发现其他物品，如绝缘材料和管道损坏。电缆和电气设备遭受了广泛的破坏。汽轮机仪表、控制面板、照明设备和约 3000 公斤的聚氯乙烯电缆严重受损。

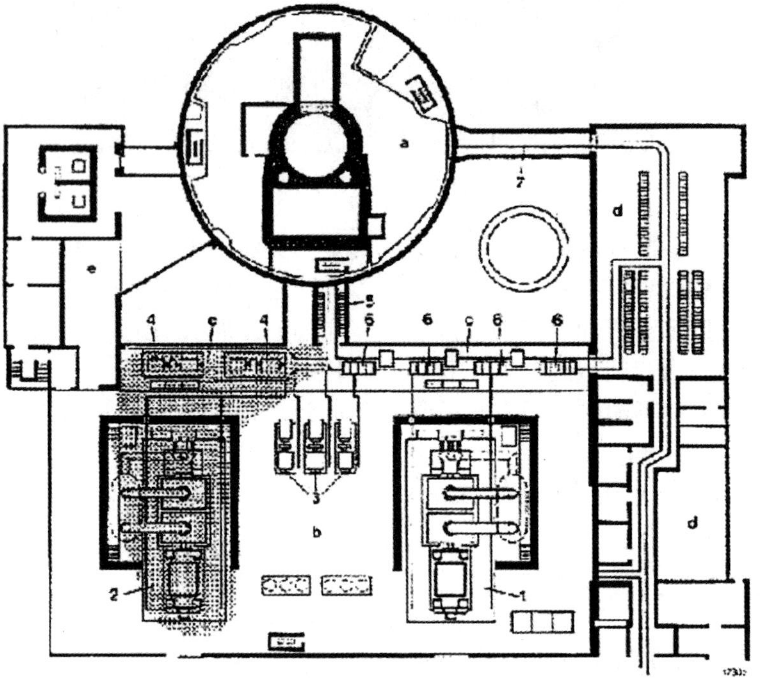

图 27　火灾影响范围示意图

火的间接影响比直接的热破坏要广泛得多。聚氯乙烯电缆绝缘层燃烧过程中产生的盐酸蒸气，以及其与水分的相互作用会影响大量设备，包括特别是电气设备（如图 27 所示位于汽轮机厂房中的开关柜设备）和电子设备。尽管在火灾发生后的第二天，电气设备已喷洒中和剂，但后来仍发现电气和电子设备会受到盐酸腐蚀作用的影响。最终，由于氯化物沉积和腐蚀，必须更换某些电子设备、泵电机、380 VAC 电机控制中心，以及某些机电设备。

4.4　事故调查和分析

米勒贝格核电厂发生火灾时，反应堆处于运行状态。尽管它不影响任何安全设备，但对大量设备和电缆造成了广泛的损害。火灾发生后被迅速发现，并由工厂人员报告了控制室。消防工作迅速启动，并有效进行。

这是为数不多的核电厂构筑物（尤其是屋顶覆盖物）遭受了一些直接起火破坏的事故。在此事件中，聚氯乙烯电缆绝缘层着火的潜在可能性得到了明确证明。在火灾分析中，很少模拟烟雾对设备的影响。美国桑迪亚国家实验室的试验表明，电子设备可能会因暴露于烟雾而失效。米勒贝格核电厂事故中清楚地证明了各种电气和电子设备都容易受到腐蚀性烟雾的影响。但是，从现有信息可以推断，烟雾/腐蚀损坏是一个缓慢的过程，易受影响的设备在火灾过程中仍能正常工作。由于假定在相对较短的时间段内实现了安全停堆，因此通常认为此类影响的风险不大。此事件与这些已有假设并不矛盾。

图 27 是工厂的简化布局图，显示了发生火灾的区域。请注意，在各个项目之间延伸的单线表示电缆路线。图中的物项 2 是汽轮发电机 B，物项 4 是两个柴油发电机组，物项 5 和 6 是非安全开关站，物项 7 是位于反应堆和汽轮机构筑物之间电缆“桥”。

4.5 后　续

当地时间 2019 年 12 月 20 日，瑞士联邦政府宣布正式关闭已运营 47 年的米勒贝格核电厂，此举标志着瑞士开始终结原子能时代[23]。

根据瑞士电视台现场直播，当地时间 20 日中午 12 时 30 分，在联邦核安全检查局（ENSI）的监督下，核电厂技术人员按下控制室中的两个按钮，正式停止核电厂发电并停用反应堆，从而永久关闭核电厂。随后营运单位将按照 2015 年提交的退役计划开展工作。见图 28。

图 28　电厂主控室

米勒贝格核电厂是继 2011 年日本福岛发生核事故引发全球对核电安全担忧后，瑞士所拥有的 5 个核电厂中第一个被关闭的。据悉，瑞士其他核电厂的营运单位也在探讨评估是否关闭核电厂，目前尚未拟定时间表。

5 美国布朗斯弗里核电厂事故

5.1 背 景

布朗斯弗里核电厂（以下简称 BFN）位于阿拉巴马州雅典田纳西河的惠勒湖北侧，靠近迪凯特，隶属于田纳西流域管理局（TVA）。核电厂以附近直到 20 世纪中期还运行的渡轮站命名[24]。见图 29。

图 29 布朗斯弗里核电厂厂址

该厂有三座通用电气（GE）的沸水堆（BWR）核电机组，每个反应堆正常运行时可发电 1067 兆瓦。布朗斯弗里是 TVA 的第一座核电厂，于 1966 年 6 月 17 日获批，1966 年 9 月开始建造。1 号机组于 1973 年 12 月 20 日并网发电，它是当时世界上最大的且第一个超过 1000 兆瓦的机组。2006 年，核监管委员会（NRC）更新了所有三座反应堆的许可证，将其延长了 20 年[25]。

NRC 是由 1974 年《能源重组法》成立的监管机构。而布朗斯弗里核电厂于 1975 年 1 月发生火灾，所以该次火灾是新成立的 NRC 必须面对的第一个重大挑战。此次火灾永远改变了 NRC 和核电行业如何看待火灾威胁。

5.2 设计特性

布朗斯弗里核电厂的沸水堆采用直接循环原理，压力壳包含堆芯和内部构件，以及许多为反应堆的运行安全而设置的辅助系统，以及必要的控制系统和仪表等。水通过反应堆堆芯加热产生出来的蒸汽与再循环水分离后，在容器顶部进行干燥分离，然后导入汽轮发电机。汽轮机采用常规的再生循环，带有凝汽器脱气和凝水除盐装置。由于核电厂设备的协调平衡，反应堆的启动和运行不依靠外部电源。见图 30。

图 30 布朗斯弗里核电厂 1 号机组建造中

反应堆堆芯主要由一系列受水和蒸汽冷却的燃料组件和控制棒组成，功率水平由插在堆芯中的控制棒保持或调整。各个独立的控制棒驱动轴从底部贯穿入堆芯，将相关的控制棒置于对应准确的位置。在紧急停堆时，驱动装置能以约自重 10 倍的力插入控制棒。控制棒从底部穿入可以产生最佳的堆芯功率分布，以及易于更换燃料和维护驱动装置。应该指出的是：核反应堆本身不会像核武器那样发生爆炸。但衰变热随着紧急停堆不可能立即减为零，因此停堆后还必须向反应堆供电除热。

5.3 事故进程

1975 年 3 月 22 日，火灾发生时，布朗斯弗里核电厂前两座反应堆已经投入正式运行；第三座反应堆正在建造，其是单机组设置，预计 1976 年竣工。1 号和 2 号机组共用控制室和电缆控制间。见图 31。

图 31 布朗斯弗里核电厂的一体化厂房

事故发生前，当年 3 月电缆控制间就已经发生过 2 次火灾，都未造成严重后果。

1975 年 3 月 22 日，布朗斯弗里核电厂的一名工程师在检查与反应堆厂房相邻的电缆集散间泄漏时发现，穿过 1 号反应堆厂房防火墙的电缆托架上方有一个空孔，孔径约 0.5 米。一名现场操作员想仔细确认一下，就点燃一根蜡烛，照亮孔洞并察看，火焰随即从水平方向被吸往孔的方向，这证明核反应堆厂房确有严重泄漏（因为要使反应堆厂房内部的放射性物质不释放到外部环境，厂房内气压须保持负压）。这位操作员将两块聚乙烯苫布塞入孔中（请注意，这种聚乙烯苫布为极易燃品，其性质与用在密封垫上的苫布差别很大），并再次点燃蜡烛，想重新检查一次，看孔洞是否已被堵住。但是，蜡烛的火焰和前一次一样从水平方向被吸入洞的深处，这证明孔洞中还是有较大的空气流动，反应堆厂房还在泄漏。但同时，蜡烛火焰点燃了堵住孔洞的聚乙烯苫布，此时是 12 时 20 分。

这位操作员用随身携带手电筒去扑打火焰，未能成功，又用铺垫织物去盖住火焰，也没能把火扑灭。接着，他用二氧化碳灭火器喷射了两次，二氧化碳气体径直穿过孔洞，根本不能扑灭火焰。随后他又拿起干粉灭火器，对准孔洞喷射，可是干粉灭火剂只是附着在孔洞表面，火仍然在燃烧。于是，他向核电厂运行值班人员报告了火情。

火焰随着空气的流动，移向孔的深处，渐渐地接近反应堆厂房的内侧，这样就形成了两处燃烧点，一处在电缆集散间，另一处在反应堆厂房内，当中隔着混凝土的防火墙。

12 时 30 分，两名工人离开电缆集散间去反应堆厂房灭火，其余人员则继续在电缆集散间里用二氧化碳灭火器灭火。

12 时 40 分，电缆集散间响起疏散报警信号。核电厂的一名运行人员在确认所有工人都已经疏散后，试图手动打开电缆集散间里的全淹没式二氧化碳固定灭火系统，但由于原先有工人在房间里，其启动装置的电源被切断了，故短时间不能启动二氧化碳灭火装置，后来接通了电源，才把该装置打开。在第一次全淹没式释放二氧化碳灭火剂之后不久，另一工作人员再一次打开了该装置，但火势继续以 10~20 毫米/分钟的速度推进。尽管二氧化碳和干粉灭火剂的使用起到了控制火势的作用，但电缆中存在着燃烧余热。因此，火刚被扑灭，后来又迅速重新燃烧起来，见图 32。

这时，厂部总值班工程师助理带领电厂消防队赶到电缆集散间，展开了第一次有组织的灭火行动。他们用手提式二氧化碳灭火器和干粉灭火器对准火焰一齐喷射。后来因为在房间里有密密麻麻的电缆支架，人员深入火场有困难，所以又释放了一次二氧化碳灭火剂。

14 时，核电厂所在地的消防局局长听到报告后赶来支援。他视察火情后拟立即用水灭火，但遭到核电厂厂长的反对。厂长的理由是核反应堆已经停堆，由于核反应堆堆芯衰变热的冷却仍需要电力，在核反应完全稳定之前还要继续向反应堆供电；如果用水灭火，可能引起电气系统短路、或削弱动力供应，结果可能会使核反应变得无法控制。因此，要等核反应基本处于稳定状态，才能用水灭火。

15 时，一位已下班的厂部总值班工程师来到电缆集散间，接替了那位值班工程师助理的工作。这时，核电厂所在地的地方消防队也赶来支援。

由于连续使用干粉灭火剂和二氧化碳灭火剂，电缆集散间的火终于在 16 时 20 分被扑灭。

当灭火行动在电缆集散间展开的时候，在电缆贯穿通道的另一边，即反应堆厂房里，灭火行动在同样困难的条件下进行。

12 时 30 分，离开电缆集散间去反应堆厂房里灭火的工人们发现，火已经在电缆托架上烧起来，距地面约 6 米高。他们借到一架梯子，一名工人登上梯子，接近火焰，用干粉灭火

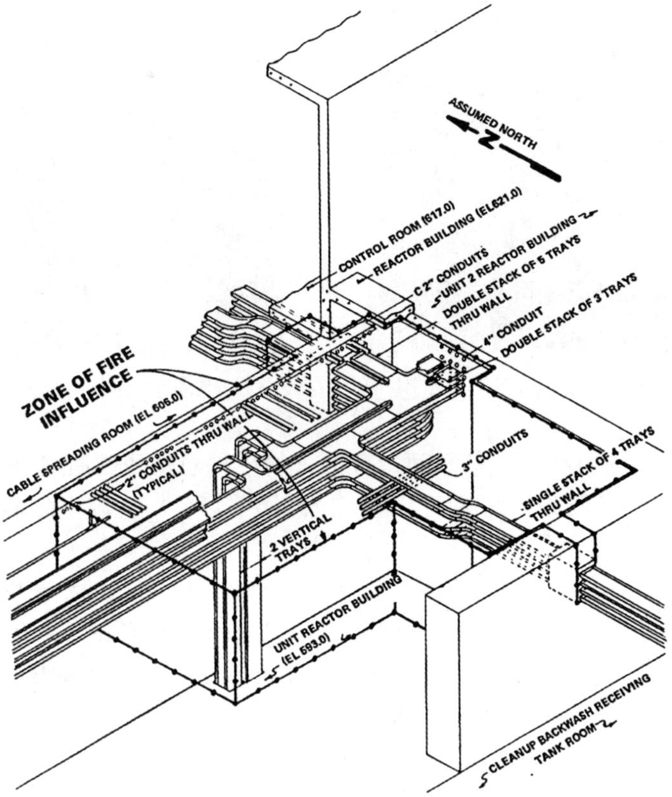

图 32　电缆桥架示意图

器灭火；但不一会儿，他就感到呼吸困难，不得不退下来。干粉灭火剂虽然暂时压倒了火焰，但不久火又复燃。

12 时 34 分左右，火灾报警装置报警。厂部的另一位总值班工程师助理很快赶到现场，负责灭火指挥。虽然他曾亲自登上梯子对准火焰喷射干粉灭火剂，可是见效不大，于是改用二氧化碳灭火器。这时，烟雾弥漫，需要佩戴呼吸器，他只好把二氧化碳灭火器放到地上，继续向起火的电缆喷射，待拿到呼吸器时，肉眼已经很难看到火焰，而且无法接近。于是，所有人员都从反应堆厂房撤了出来。

13 时 09 分，厂部总值班工程师助理离开现场，与核电厂所在地的消防局联系。

13 时 30 分，消防车赶到。经过 15 分钟的准备，7 名消防员进入核反应堆厂房。厂方向他们提供了用于测量射线辐照水平的软片式射线报警器。但是，他们的灭火作业受到了很大的限制。因为从 13 时多到 16 时 30 分之间，核反应堆厂房竟没有设立指挥灭火战斗的火场指挥部。由于存有大量的烟雾，不仅严重影响了视线，而且还必须配戴呼吸器，所有这些因素都对灭火作业带来了不利的影响。

13 时 30 分左右，由于电缆损坏，反应堆厂房里的照明灯突然熄灭，人们只能凭借应急照明灯和手电筒的微弱光线继续灭火。这时，人们没有把主要的灭火力量放在核反应堆厂房里，而是放在电缆集散间。因为在电缆集散间的楼上是核电厂主控制室，里面有重要设备。见图 33 和图 34。

图 33　火灾后的电缆桥架，其中有损毁的电缆

图 34　电缆集散间（注意熔化的铝电缆导管）

16 时 30 分左右，一直在电缆集散间指挥灭火的厂部总值班工程师来到核反应堆厂房指挥。在核反应堆厂房内外两侧分别配备了直流应急照明灯，厂房内整理出工作位足够 3 名消防员用干粉灭火器灭火。

17 时 45 分左右，厂部总值班工程师把一根口径为约 40 毫米的水带搬到反应堆厂房的 3 楼，想用水去灭火，但核电厂厂长害怕用水会进一步恶化核电厂的停堆安全，没有同意。

18 时左右，核电厂所在地消防局局长再次提出同样的建议，也被核电厂厂长否决了。

19 时左右，核反应堆厂房里的火仍未得到完全控制。该核电厂厂长在核实了核反应已基本处于稳定状态后，才不顾田纳西河流域管理局公共安全委员会成员的反对，同意用水去灭火。厂部总值班工程师拿起为电气火灾专门设计的喷雾水枪去灭火，但其喷射距离太短。消防员试图使用消防车带来的水枪，但又与水带不配套，当接上水源时，水枪脱落了。这时，工人们便爬到电缆托架上，直接用水带里的水灭火。

19 时 45 分，核反应堆厂房里的火终于被扑灭。

5.4　火灾特点

火点多，烟雾大，能见度低，火灾持续时间长。火灾发生在电缆间和核岛大厅内，由于是电缆燃烧发烟量较大，火场能见度较低，并且火焰在电缆托架上燃烧，给火情侦察和火灾扑救带来很大的困难。在核电厂火灾扑救中要遵循火灾扑救要服从核安全的原则，由于特种灭火剂数量有限，致使火灾扑救时间延长。

5.5　事故教训

这是由小火酿成重大事故的一个典型。正是这场大火又一次向人们敲响了警钟，使人们更加重视核电厂的消防安全保卫工作。其经验教训主要有：

（1）对这次火灾调查的结果表明，起火原因非常简单，是由核电厂工作人员违章使用明火造成的。因此，必须制定并完善严格的规章制度。

（2）电厂范围内避免使用易燃物项，以降低火灾发生概率。见图 35。

（3）一旦核电厂发生火灾，即便是在其他发电厂很容易扑灭的火，因为有各种各样的限制，往往会变得难以处理。例如：在核电厂设有辐射防护区，消防员要进入现场需要一定的准备时间，如，穿特种防护服，佩带正压式空气呼吸器，编组并检测辐射水平等。

（4）消防队不能够掌握灭火战斗的主导权，而必须自始至终以核电厂的核安全为中心。例如：首先要考虑安全停堆，然后才能考虑灭火。这就要求建立一个强有力的指挥体系。核电厂厂长必须懂得消防。

（5）由于是无窗建筑，火灾产生的烟雾常成为灭火活动的最大障碍，这就需要研制和配备专门装备。

（6）对于电缆火灾，二氧化碳和干粉灭火剂虽能有效地控制初起的火势，但灭火效果不佳，要尽快把火扑灭，最终还得使用水。布朗斯弗里核电厂厂长在对核安全没有绝对把握的情况下不同意用水灭火，从而丧失了最佳时机。布朗斯弗里核电厂火灾后，美国 NRC 专门组织了一个专家小组对电缆火灾的灭火方法进行了研究，结论是完全可以用水雾去对付电缆火灾，但是需要改进喷雾水枪的性能。

（7）核电厂周围消防队应该配备扑救核电厂火灾所需的专用灭火装备，而且要经常和核电厂的企业消防队一起研究作战方案，进行联合演习等。

图 35　新斯科舍核电厂用来填充电缆桥架贯穿件的聚氨酯泡沫（随后换为耐火砂浆）

为解决以上问题，NRC 后期开展了大量研发工作。见图 36、图 37、图 38 和图 39。

图 36　布朗斯弗里核电厂贯穿件密封试验

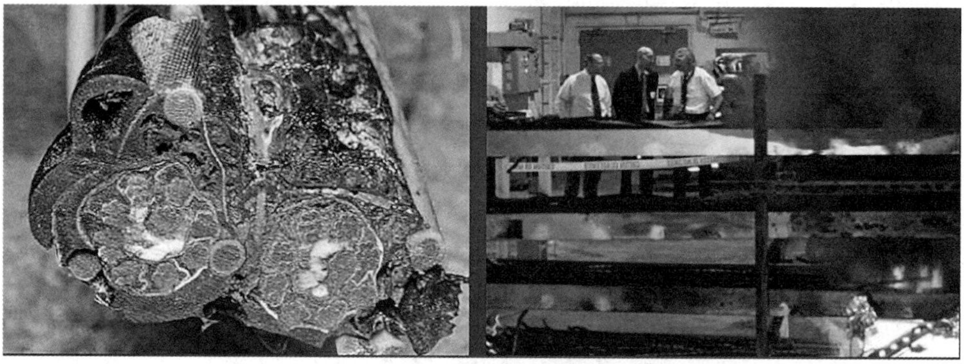

图 37　电缆燃烧试验

图 38　小尺度 CAROLFIRE 测试——将两根电缆放入 12 英寸电缆桥架中

图 39　Hemyc 电缆桥架防火测试

5.6 事故后果

大火持续了7个多小时，烧毁了许多与核安全有关电缆等部件，直接损失价值高达1000多万美元；火灾导致两个反应堆停堆超过一年多时间。其替代能源费用如按每月约1000万美元计算，共计损失总金额达到2亿美元。该事故在美国三哩岛核电厂事故前，一直被看作是美国在运行核电厂里发生最严重的一次事故。

为了解决运营和管理出现的问题，TVA在1985年关闭了该电厂所有3台机组，整改后2号和3号机组分别于1991年和1995年重新投入运行。

事故中共有1600根电缆损坏。其中有很多与安全有关。损坏的安全相关电缆的数量可以按机组分类：1号机的482根，2号机22根，两机组共用114根。

没有因火灾造成的放射性释放或不适当的污染。

工厂或外部工作人员只有轻微的伤害。

公众的健康和安全不受影响。

1号机组反应堆厂房的大部分和CSR的一小部分区域受到影响。浓烟在整个反应堆厂房中传播。虽然火灾确实带来运行的挑战，但是在所有时刻都维持了充分的堆芯冷却功能。燃料包壳、一回路和安全壳没有受到火灾的不利影响。

5.7 后续强化监管和法规发展

在20世纪60年代和70年代，美国当前运行的核动力堆均正在建造中，美国NRC的前身——原子能委员会（AEC）就开始了大量的核电消防研究。并通过规章制度确保消防安全。首先采取防火措施规定是在1971年2月的10 CFR第50部分的附录A通用设计标准（GDC）第3条："消防"。

GDC 3部分声明：

应设计和安装对安全重要的结构，系统和部件定位最小化，符合其他安全要求的概率以及火灾和爆炸的影响。不燃耐热材料应视整个机组的实际情况下使用，特别是作为包容和控制室位置。

在此期间，电气与电子工程师协会（IEEE）也制定了核工业消防安全的一些标准如：

（1）IEEE 279—1971"核能发电厂保护系统准则"；

（2）IEEE 383—1974"IEEE核电厂1E级电缆型号试验、现场拼接和连接标准；

（3）IEEE 384—1974"IEEE 1E设备和电路独立性准则的标准"。

1974年2月，NRC出版了《监管导则》RG 1.75"Physical Independence of Electric Systems"。

布朗斯弗里核电厂火灾又引发了一系列新的防火规定。

火灾发生后的3月26日，NRC成立了以Stephen H. Hanauer为主席的共7人的Special

Review Group，其于 1976 年 2 月发布了 NUREG-0050 “Recommendations Related to Browns Ferry Fire”[26]，给出了 6 个建议：防火、灭火、火灾时维护重要安全功能的规定、质量保证、其他政府机构的回应和对 NRC 的建议。

NRC 于 4 月 3 日向公众和各核电厂发布 “Bulletin 75-04A：Cable Fire at Browns Ferry Nuclear Power Station”，要求各核电厂注意和自查。

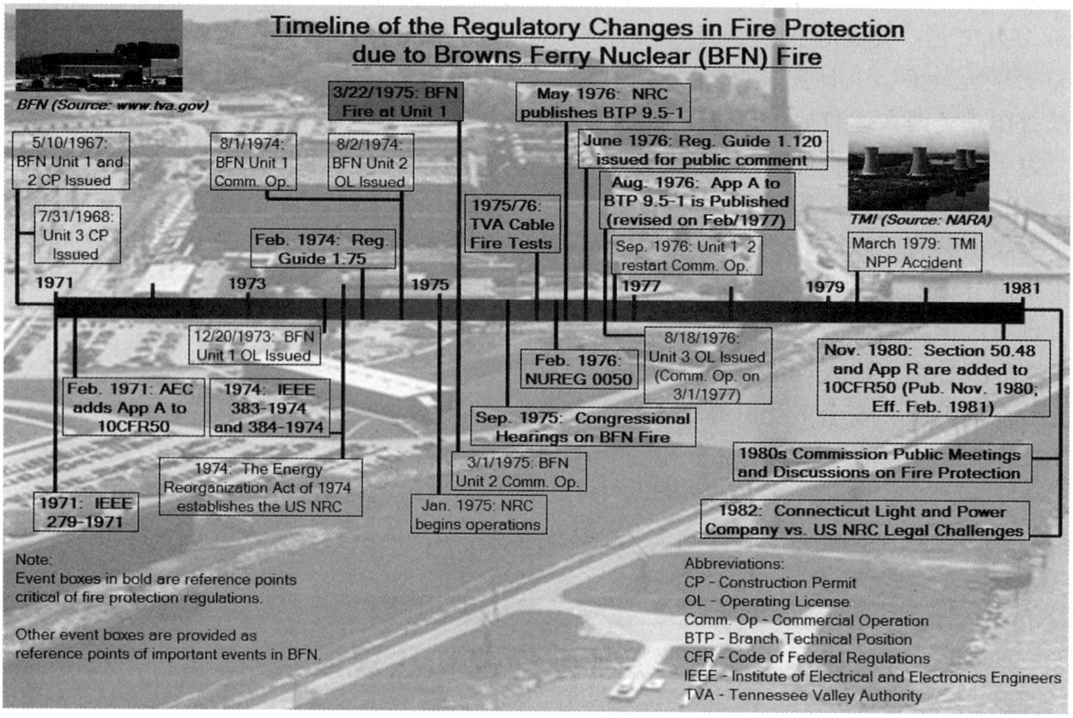

图 40　NRC 防火监管法规变化历程

为响应这些建议，NRC 于 1976 年 5 月制定了部门技术见解（BTP）：辅助动力转换系统部门（APCSB）9.5-1 及其附录 A “1976 年 7 月 1 日之前投运核电厂的消防指南”。附录 A 应用 IEEE 383—1974 标准作为火焰传播的基础，到目前为止也是规范中应用的电缆火焰传播标准。1980 年 11 月，NRC 发布了 10 CFR 第 50 部分（1981 年 2 月生效）的第 50.48 节和附录 R 对消防标准作出了重大补充。相关内容见书后附件 4。

1981 年，NRC 进行了大量研究后[27]，采取了新的防火规定，除其他要求外，还特别要求采用被动防火功能（合格和额定防火屏障，最小隔离要求和自动灭火和检测），以限制火灾对设备的电路造成损坏，从而确保从控制室安全停运电厂的能力。

火灾后，NRC 对每一座核电厂的消防措施都进行了评价，因而提出了改进的消防条例，并提高防火要求[28]。

具体的要求包括：

（1）要备有两套供水系统，能在 2 小时的救火期间供应所预计的最大的需水量；

（2）电缆或与安全停堆极为重要的备用安全系统的设备要采取特殊防护措施（如实物隔离和消防挡板）；

（3）核设施内的消防员每班不得少于5名，这些人员必须受过充分训练，并装备必要的人工灭火消防设备等。

今天，随着新建核电厂的不断兴建和新材料技术的发展，消防工作仍面临挑战。

5.8 后续进展

TVA董事会于2002年5月决定重新启动布朗斯弗里1号机组。此后，TVA开始对该机组进行了长达5年的整修工作。美国NRC于2007年5月15日批准重启1号机组，该机组6月2日开始向电网供电，6月8日达到全面投产。整个整修工作共耗资约18亿美元，该费用与新建核电厂基本相当。

另有其他信息来源，美国核信息和资源服务机构（NIRS）调查认为，最新重启的布朗斯弗里核电厂1号机组仍然没有达到其在1975年发生近乎灾难火灾后实施的消防法规[29]。

6　东德格赖夫斯瓦尔德核电厂事故

6.1　背　景

格赖夫斯瓦尔德核电厂是位于东德波罗的海沿岸的苏联设计的核电厂。

该厂包括 5 个 VVER 反应堆，其中 1~4 号机组是第一代 V-230 型，规划的 5~8 号机组属于较新的 V-213 型反应堆。1 号机组于 1973 年 12 月开始运行。据记录，1983 年到 1984 年，该核电厂也向周边 1.4 万个公寓和几个工厂供热。

但是 1990 年，两德统一后，德国政府认为该核电厂升级到新安全标准并不经济可行，决定永久关闭。

图 41　格赖夫斯瓦尔德核电厂厂址布置

20 世纪 90 年代中期起，德国开始了核电厂的拆除工作，部分乏燃料运至匈牙利波克什贮存[30]。当前所有 5 个机组都永久关闭停止运行，正在退役。见表 3。

表 3　厂址上反应堆统计

Unit	Type	Net Power	Total Power	Start of construction	Finish construction	Commercial operation	Shut down
Greifswald - 1 (KGR 1)	WWER-440/230	408 MW	440 MW	1 March 1970	17 December 1973	12 July 1974	14 February 1990
Greifswald - 2 (KGR 2)	WWER-440/230	408 MW	440 MW	1 March 1970	23 December 1974	16 April 1975	14 February 1990
Greifswald - 3 (KGR 3)	WWER-440/230	408 MW	440 MW	1 April 1972	24 October 1977	1 May 1978	28 February 1990
Greifswald - 4 (KGR 4)	WWER-440/230	408 MW	440 MW	1 April 1972	3 September 1979	1 November 1979	22 July 1990
Greifswald - 5 (KGR 5)	WWER-440/213	408 MW	440 MW	1 December 1976	24 April 1989	1 November 1989	24 November 1989
Greifswald - 6 (KGR 6)	WWER-440/213	408 MW	440 MW		Finished, never operated	—	—
Greifswald - 7 (KGR 7)	WWER-440/213	408 MW	440 MW		Canceled	—	—
Greifswald - 8 (KGR 8)	WWER-440/213	408 MW	440 MW		Canceled	—	—

6.2　事故描述

1975年12月7日11:08，格赖夫斯瓦尔德核电厂1号机组6千伏开关柜内或其附近发生了电缆火灾。在一份报告中指出引起火灾的原因为“电工开关操作失误后的短路电流，及随后的自动断路器故障”。大火燃烧了大约92分钟，烧毁了“大量电缆”。

另一份报告指出，“大火实际上造成全厂断电”。火灾造成的损坏导致该机组所有6个主冷却泵失去动力，并且没有可用的蒸汽驱动泵。因此，电厂依靠自然循环和“通过安全阀释放蒸汽至蒸汽发生器二次侧”来冷却反应堆堆芯。在这种冷却模式下运行几个小时（至少5小时）后，二次侧水枯竭，反应堆内温度和压力开始上升，导致稳压器安全阀自动打开。阀门未正确自动复位，反应堆冷却剂持续流出（实际意义上的冷却剂丧失工况）。结果，反应堆压力降低，并最终低至低压泵的压头。这种情况下允许操作员通过启动低压应急冷却泵向反应堆供水。反应堆几乎所有的安全系统均失效了。唯一幸存的应急给水泵正在维修，因此设有备用电源上[31]。通过从备用电源连接备用动力电缆直接连接到一个辅助给水泵，二次侧正常冷却得以恢复。

报告指出，堆芯没有受到任何损害，但造成了“放射性物质向大气中排放的增加”，且“其低于规定的极限”。

6.3　事故分析

关于格赖夫斯瓦尔德大火的可用详细信息不足，无法对事故进行有意义的分析。但是，根据很少的可用信息，在此事件中，电厂安全很明显受到了严重挑战。显然，在一段时间内，失去了用于冷却反应堆堆芯的所有主动手段，并且需要非正常的手动恢复措施来回到正常状态。

在此事件中，所有高压堆芯冷却能力都丧失了，导致需要打开稳压器安全阀以释放一次侧压力。但是，由于阀门无法复位，因此发生了小的失冷事故。这是唯一已知的是由火灾间接造成失冷事故工况的火灾事件。稳压器安全阀无法重新关闭应视为独立的故障事件。

根据可用的来源，没有关于火灾本身的严重性，火灾是如何被袭击，火灾的实际损害程度如何实现，操作员如何对事故做出响应，以及火灾在燃烧过程中持续燃烧时间如此长时间（大约92分钟）的信息。从报告中可以看出，缺少冗余的系列是造成火灾严重影响电厂运行的主要因素。

未来希望得到更详细准确的信息再深入研究。

7 苏联别洛雅尔斯基火灾事件

7.1 背 景

别洛雅尔斯克核电厂位于风景如画的乌拉尔地区 Pyshma 河畔，距乌拉尔历史名城-叶卡特琳堡约 40 公里，距欧亚大陆分界线仅 70 公里。见图 42。

图 42 别洛雅尔斯克核电厂主体建筑

别洛雅尔斯克早期已建造了两座反应堆：AMB-100 反应堆（100 兆瓦水冷石墨慢化管道式反应堆）运行于 1964—1983 年，AMB-200 反应堆（与 1 号机组相同设计的 200 兆瓦反应堆），于 1967—1989 年运行。两者都是超临界水冷反应堆，第一个机组使用浓缩至 1.8%的 67 吨铀，而第二个使用浓缩至 3.0%的 50 吨铀。第一座反应堆有间接蒸汽循环，而第二台反应堆是直接蒸汽循环[32]。

厂址上所有反应堆见表 4。

表 4 别洛雅尔斯克厂址的反应堆

机组	堆型	输出功率/MW	项目开始日期	首次临界日期	停堆日期
1	AMB-100	108	1958-06-01	1964-04-26	1983-01-01
2	AMB-200	160	1962-01-01	1967-12-29	1990-01-01
3	BN-600	600	1969-01-01	1980-04-08	预计 2025，可能延迟到 2040
4	BN-800	864	1987	2014-06-27	—
5	BN-1200	1,220	2030 年之前	—	—

该核电厂因在开发新技术方面取得的进展而被授予“红色劳动旗帜”等奖励，并5次被评为“俄罗斯最佳核电厂”[33]。

尽管这两个堆在功率上与希平港核电厂是相当的，但苏联核动力的设计者仍把别洛雅尔斯克视为原型堆。其主要的创新之处在于使用过热蒸汽通过常规汽轮机，因此与早期的奥布宁斯克核电厂相比效率更高。别洛雅尔斯克第一个机组生产约285兆瓦的热量，其中约100兆瓦转换为电力。第二个机组使用两台汽轮机，转换效率约36%。

别洛雅尔斯克核电厂ABM-200反应堆历史上发生了两起严重事故。1977年，ABM-200反应堆运行中发生一半燃料棒熔化事故。操作人员受到严重射线照射，随后的维修工作花费了一年多的时间。1978年12月，ABM-200发生了严重火灾。这是全球核电工业历史上持续时间最长的一次火灾之一。

表5　别洛雅尔斯克厂址的1号、2号反应堆和当年设想的百万千瓦反应堆

Characteristic	First reactor	Second reactor	1000 MW reactor (project)
Thermal capacity / MW	286	560	2220
Electric capacity / MW	100	200	1000
Uranium charge / ton	67	50	51
Specific power/(MW/ton)	4·3	11·2	43
Uranium enrichment / %	1·8	3·0	5·0
Specific energy production/(MW days/ton)	4000	10,000	40,000
Quantity of working channels:			
incl. steam superheating channels	998	998	1270
Square lattice pitch / mm	268	262	—
Core dimensions / m			
diameter	7·2	7·2	8·9
height	6	6	6

别洛雅尔斯克2号机组与1号机组共享汽轮机组。

别洛雅尔斯克核电厂首次应用了沸腾过热原理。据此，反应堆中包含管状燃料元件的工作通道被分成两组：沸腾和过热。工作通道插入石墨堆中，该石墨堆放置在下板和上板焊接一体的薄壁侧壳体的气密密封体中。1号和2号反应堆布置相同，均位于下板上。石墨堆的当量直径为8.7米，高9.7米。在石墨堆中，有1004个垂直孔，形成一个间距为200毫米的正方形格子；其中工作通道中包含有燃料。一些孔（1号反应堆中有6个，2号反应堆中有4个）用于容纳自动控制通道。工作通道之间还有78个调节棒和16个安全棒的通道。杆通过用于自动控制杆的齿条和小齿轮从下方控制。安全棒由液压控制，并且仅具有两个极限位置。在2号反应堆中，反应性过剩略高于1号反应堆，在堆芯外围还有另外40个双位水压控制调节棒。见图43。

别洛雅尔斯克核电厂的工作通道设计与苏联首堆通道设计很相似，在每个工作通道中，有6个管状燃料元件放置在石墨套筒中。燃料元件的外径为20毫米。依据传热计算，内管的尺寸为1号反应堆的9.4毫米×0.6毫米，2号反应堆的尺寸为12毫米×0.6毫米。两座反应堆的沸腾通道具有中心管，其间供给并排出传热剂。在过热通道中没有中心管，蒸汽过热是通过蒸汽首先沿向下的方向依次通过三个元件，再沿向上的方向通过三个元件而实现的。见图44。沸腾通道中的波动管放置在底部，而在过热通道中，波动管放置在顶部，这稍微减小了这些通道的长度。燃料元件的管间空间填充有镁包覆的铀-钼合金颗粒组成的燃料。

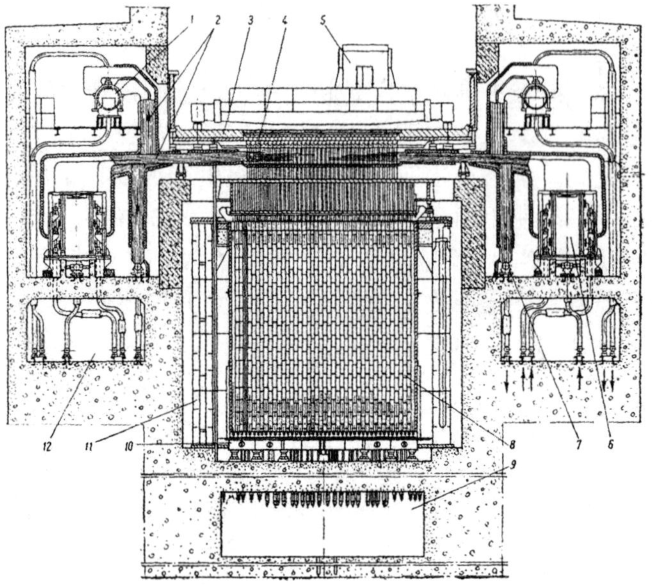

1: Steam separator, 2: Pipelines, 3: Upper covering, 4: Upper plate, 5: Loading machine, 6: Fittings—servicing corridor, 7: Main pipelines, 8: Graphite stacking, 9: Room for drives of control system rods, 10: Lower plate, 11: Water shield, 12: Superheated steam headers.

图 43　反应堆截面图

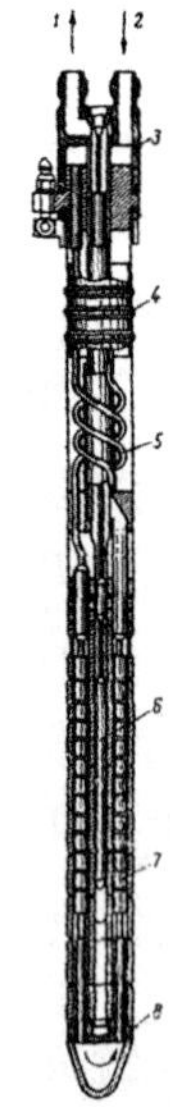

1: Heat-transfer agent outlet, 2: Heat-transfer agent inlet, 3: Upper cap, 4: Sealing rings, 5. Expansion loop, 6: Absorbing rod, 7: Fuel element, 8: Lower cap.

图 44　过热蒸汽通道示意图

将工作通道插入石墨堆叠的孔中，并将其密封在焊接到上支撑板上的管中，该支撑板搁置在反应堆周围充满水的罐体上；这个罐体即是热和生物的屏蔽。反应堆、底板和充水罐位于混凝土轴中。在反应器的上板上有管道系统，通过该系统将传热剂送入工作通道，并从工作通道中取出。在管道分离之上放置一个 250 毫米厚的截面铸铁防护罩，目的是保护人员免受水中的 γ 辐射。反应堆辐射屏蔽位于石墨堆叠的上部，由石墨和铸铁的交替层组成[34]。

7.2 事故进程

事故发生前，机组正处于满功率运行。外界温度低至-47 ℃。外界极低的温度肯定会影响消防效率，如可能会影响从远程站到厂房的消防回路。

1978 年 12 月 31 日 01 时 50 分，2 号机组的工作人员注意到汽轮机厂房侧发生火灾时，反应堆正满功率运行。

火灾是由于润滑油管道系统破裂而造成的。油显然溅到热表面（汽轮机本身或蒸气管线）上，并着起火来。无法确认开始燃烧的时间。工作人员立即通知场外消防队，在约6 分钟内三支消防队抵达厂房。油火已经相当严重，已经造成火灾上方的构筑物屋顶倒塌。汽轮机厂房约 960 平米受到严重破坏。

在美国，核电厂火灾主要由现场消防队处理。然而俄罗斯的做法是相当不同的，其主要是由场外军事化管理的消防队提供服务。由于火灾快速扩大，电厂人员在消防队抵达之前无法采取行动应对火灾。从这个说法可以推断，从发现火灾到发起灭火行动有一个延迟。

在 01 : 56，当第一批消防员赶到现场时，2 号汽轮发电机厂房附近屋顶已经倒塌，从窗户处可以看见火焰。

火通过开放的电缆穿透和其他开口从汽轮机厂房传播到相邻的控制厂房。在控制厂房内，电缆井内的火势向上传播，并在几个不同的高度引起火灾。它通过开放的电缆穿透来传播，并通过打开门和舱口进入各个相邻区域。火焰在电缆地板之间的电缆轴中垂直传播速度约 0. 7 m/s。从现有的信息来看，尚不清楚什么因素导致火灾的迅速蔓延。大量的控制和电力电缆已损坏。

由于系统的电缆已损坏，在火灾就地安装的泡沫系统无法启动。便携式泡沫系统没有被使用，因为火区充满了烟雾，人员无法到达火场。

火灾也传播到主控室的控制面板，并造成破坏。油变压器也遭到破坏，油着火后点燃了该区域其他电缆。这种二次火灾的原因是未知的（可能是直接火灾影响或电气故障）。

操作员只能在浓重的烟雾条件下工作。一份报告指出，由于烟气吸入，部分操作人员处于半无意识状态。尽管操作员面临诸多困难，仍设法启动了一列反应堆应急冷却系统。在原始的假设安全分析中让操作员在充满烟雾的隔间中运作是不可信的，也是未考虑的。

消防员在恶劣环境中工作，包括重度烟雾和-47 ℃的外界温度。最终，有 35 个消防队、共有 270 名消防员参与灭火，其中 150 名消防员曾接受过自给式呼吸器训练。

发现火灾 17 小时后，宣布火势受到控制。

发现后约 22 小时，认为火被完全扑灭。

7.3 事故后果

这是全球核电工业历史上持续时间最长的一次火灾之一。在火灾预警中考虑的火焰持续时间通常在 1 小时之内，并且这种长时间的火灾概率被认为非常小。

大量的安全相关设备受到这场火灾的影响，但部分堆芯冷却功能始终可用。火灾未造成放射性污染。25 人遭受烟雾或极端寒冷天气条件的影响而受轻伤。公众的健康和安全不受火灾或其对工厂的影响。

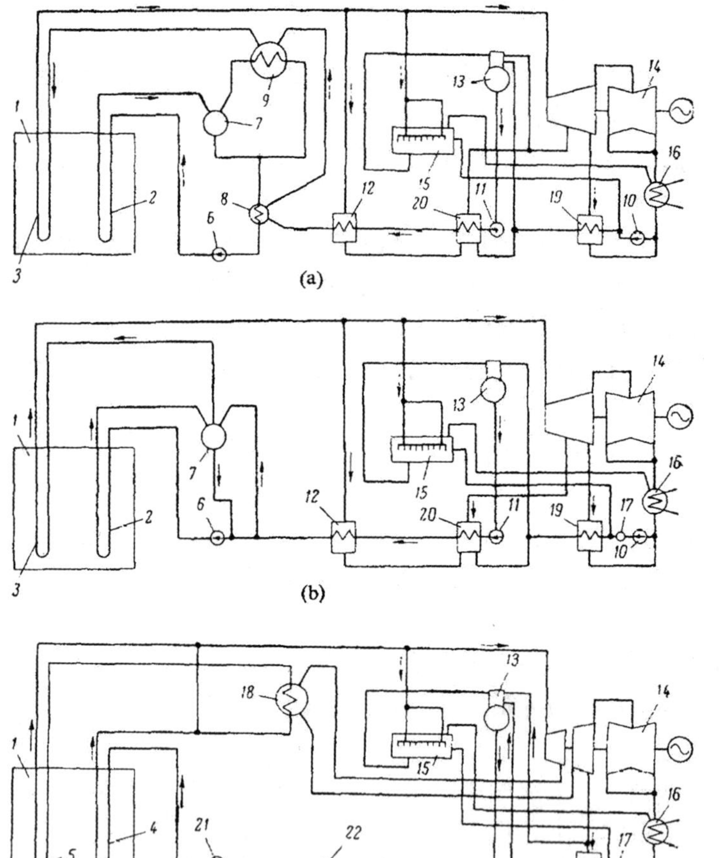

1: Reactor, 2: Boiling channel, 3: Superheating channel, 4: First-superheat channel, 5: Second-superheat channel, 6: Circulation pump, 7: Steam separator, 8: Heater, 9: Evaporator, 10: Condensate pump, 11: Feed pump, 12: Superheat controller, 13: De-aerator, 14: Turbogenerator, 15: Expansion tank, 16: Condenser, 17: Condensate cleaner, 18: Industrial superheater, 19: Low-pressure regenerative heater, 20: High-pressure regenerative heater, 21: Feed turbopump, 22: Booster pump.

图 45　1 号和 2 号机组流程图

8 法国阿格核燃料后处理厂事故

8.1 背 景

阿格厂是位于法国北部诺曼底地区瑟堡以西 25 公里的核燃料后处理厂。见图 46。由阿海珐 NC 公司运营，即原来的高杰玛。

图 46 法国阿格后处理厂厂址

经过 40 年的发展，阿格后处理厂如今已成为法国甚至是世界上规模最大、技术最先进、工艺最成熟的商业轻水堆核废物后处理基地。它不仅处理法国国内的核废物，还为德国、日本、意大利等国处理进口的核废物。该厂运行至今未发生过任何重大事故，成为成熟商业后处理的典范。该工厂目前拥有 6000 多名员工。见图 47。

图 47 后处理厂多个设施

阿格后处理厂现有两个后处理车间在运行，即 UP2-800 和 UP3，均使用成熟的 PUREX 工艺。UP2 于 1962 年动工兴建，1967 年 1 月投产，曾处理过石墨气冷堆、快中子堆以及轻水堆等多种堆型的核废物，处理能力为 400 吨/年。经过改造后，每年可处理 800 多吨轻水堆核废物，并更名为 UP2-800；UP3 于 1990 年投入商运，额定处理能力为 800 吨/年。两个车间的总处理能力约为 1700 吨/年，若满负荷运行可承担 90~100 台百万千瓦级核电机组每年产生的核废物的后处理任务。2015 年之前，有总量超过 32 000 吨使用过的核燃料在该厂进行了后处理，其中有 70%来自法国，17%来自德国，9%来自日本[35]。

图 48　法国瑟堡阿格厂中间贮存池

8.2　事故进程

1981 年 1 月 6 日晚上，阿格后处理厂的地下核废物贮存池失火，库内贮放的是希农核电厂（石墨气冷堆）辐照燃料包壳材料——石墨和镁，其已不能再用[36]。

这个贮存池是掘开地面后建的，由两个混凝土结构的贮存池组成（总容积为 3000 立方米），地面敷设有轨道和用锌板构筑的小格子，安装有可移动的桥式吊车。内部的温度保持在 10~15 ℃。这次着火的材料是石墨。

最初探测到厂内有放射性气体铯存在的时间是 1 月 6 日早晨 4 点，由于很微弱，因而很难寻到泄漏点。

随后现场部分工作室内的报警器响了，但并没有立刻得到响应。事后研究表明：当时放射性物质已由外部进入工作室。

当天上午 11 点 45 分开始进行灭火工作。

由于放射性气体（铯气）的外逸，没有用水灭火（因有爆炸危险）。为了构造一种惰性环境，首先喷入氮气，然后再喷入大量的水。

工作人员撤出了污染区，全体工作人员都严格地进行了辐照剂量测量。对停在那里的汽车和污染区的建筑物均采取了去污措施。

探测结果表明，现场的 β 射线是允许剂量的 26 倍，α 射线是允许剂量的 6 倍[37]。

在这次事故中，一名粉刷工和 19 名消防员受到极少量辐照。受辐照最严重的是那名粉刷工，辐照剂量达5.7雷姆，比一个工作人员的年最大累积容许剂量（5雷姆）稍多一些，其他人都在最大容许剂量的1%以下。

铯放射性气体泄漏时，正值当地刮西北风，且又赶上下雨，夹带有放射性灰尘，一直散落到离出事地点300~400米远的地方，使出事地点200米远处的钚处理设施（该设施正在拆除中）也受到了污染。

至凌晨3时左右，核电厂消防队才把火扑灭。当日8时，工厂允许工人照常上班。

这次失火也是法国自美国三哩岛核电厂事故以后较大的一次核事故，其影响是比较大的。

注：

另有报道[38]，位于诺尔曼海岸的法国阿格核燃料后处理厂于1980年4月15日也发生一起火灾，进而引起了轻微的放射性泄漏，一周以后才恢复生产。

据厂方说，放射性泄漏是由于误操作而使一台变压器短路，导致起火，因而使该厂处理高放氧化物的小室通风中断近一个小时。据经营该厂的法国核燃料总公司说，这次事故造成厂房轻微污染。该厂负责处理浓缩铀轻水堆核电厂的辐照燃料。

据统计，1980年该厂发生过6起事故：1月，两次是由于向海里排放冷却水的管道出现破裂，放射性废水流入大海，严重影响了捕鱼业，这两次都是由潜水员排除故障的；4月，电力供应系统出故障；冷却水温升高；5月，装入贮存容器内的钚的允许含量升高一倍，被污染的水排入地表，附近农田的允许辐照剂量升高一倍；12月，一台蒸汽发生器出故障。

9　亚美尼亚米沙摩尔核电厂事故

9.1　背　景

亚美尼亚位于高加索山区，是一个四周被陆地包围的国家，由于资源相对匮乏，能源选择余地不大。见图 49。

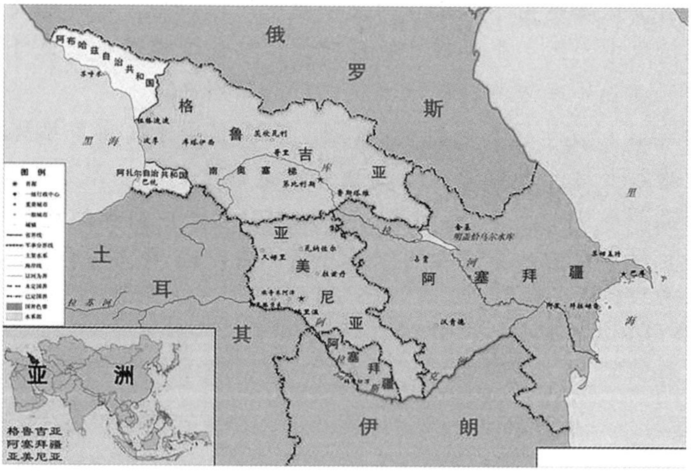

图 49　亚美尼亚周边地图

亚美尼亚唯一的米沙摩尔核电厂拥有 2 台 VVER-440 机组，1969 年开始建造，1 号机组 1976 年 12 月首次并网，2 号机组 1980 年 1 月首次并网，设计使用寿命为 30 年。见图 50。

图 50　米沙摩尔核电厂鸟瞰图

米沙摩尔反应堆是世界上仅存的没有内层安全壳的反应堆之一。这些是俄罗斯第一批设计用于在地震多发地区建造的工厂，并进行了相应的修改，命名为 V-270。其和切尔诺贝利核电厂不同，用水作裂变反应的慢化剂，而非后者所采用的固体石墨。事实上，根据国际原子能机构安全计划办公室的评估，采用了多路冷却水管的 VVER 系统被认为比西方的方案更加“容许失误”。VVER-440 的设计技术将允许核电厂在失去供电后保持自我冷却比西方核电厂的时间更长，因其储存冷却水容量更大[39]。

米沙摩尔核电厂距离首都埃里温（人口占全国 1/3 的）约 36 公里，距土耳其边境只有 16 公里。更令人吃惊的是，该核电厂位于地震带上，且靠近农田和人口密集区。

1988 年 12 月 10 日，亚美尼亚发生一次里氏 6.8 级地震，造成约 2.5 万人死亡，约 50 万人无家可归。位于距震中大约 100 公里之外的米沙摩尔核电厂当时已经有两台机组建成运行。事后根据亚美尼亚政府和国际原子能机构（IAEA）的核查，在那次地震中核电厂并未受损。但由于这次地震引发的对核电厂的担忧，苏联政府随后下令关闭了该设施。

在关闭核电厂之后的 6 年半之间，亚美尼亚出现了严重的能源危机。1995 年，当时已独立的亚美尼亚政府决定重启 2 号反应堆。当核电厂最终重启之后，它成了亚美尼亚的主要电力来源（发电比重超过 40%）[40]。

根据国际原子能机构的数据，在重启之后的多年间，亚美尼亚政府已经对该核电厂进行了多达 1400 项技术改进工作，其中包括抗震设计、备用电源、构筑物加固和优化冷却系统等。美国为这些升级工作提供了技术和设备支持。出于对火灾隐患的担忧，核电厂还进行了大规模的防火改造工作，加装了 140 多扇新的防火隔离门等。

安全升级并不能消除国际社会对亚美尼亚核电厂安全的担忧，外界向亚美尼亚施压，在亚美尼亚违反有关 2004 年关闭核电厂的协议之后，要求在 2016 年之前关闭该厂。欧盟代表指出，这座核电厂对国家构成威胁，这不仅因为米沙摩尔核电厂位于高风险地震带，同时也因为核燃料用飞机运往这个内陆国家并在民用机场降落，而不是经过海路或者铁路。

2006 年，亚美尼亚与欧盟达成一项协议，同意尽快关闭反应堆并确定日期，同时发展水力发电和可再生能源，并提高能效，满足用电需求。

亚美尼亚政府计划建设一台核电机组，以替代老化的 2 号机组。但由于融资困难，新建项目迟迟未能启动。因此，政府 2014 年 3 月决定将 2 号机组延寿至 2026 年。这一计划获得俄罗斯的支持，俄方将提供 2.7 亿美元贷款和 3000 万美元的资助[41]。

面对国际社会的压力，亚美尼亚政府仍然决定让 32 岁高龄的米沙摩尔核电厂继续运行状态，在原定退役时间 2016 年之后还将延长 4 年运营时间。

2018 年 5 月 25 日，亚美尼亚能源部部长 Artur Grigoryan 表示，根据 2017 年 11 月签署的《全面加强伙伴关系协议》（CEPA），欧盟已同意亚美尼亚政府将米沙摩尔 2 号机组延寿至 2026 年。CEPA 将在获得欧盟所有 28 个成员国和亚美尼亚政府批准后生效。

2018 年 7 月，时任亚美尼亚总理表示该国正在努力将该电厂的使用寿命延长到 2040 年。12 月，IAEA 完成了工厂的长期运行安全方面的审查。该运营商正准备提交第二次续期许可申请，以将其使用寿命延长至 2026 年。见图 51。

近年来，亚美尼亚和邻国阿塞拜疆冲突不断，甚至出现了威胁对方核电厂或水库的言论，令国际社会高度关注安全议题[42]。

图 51　IAEA 前总干事天野之弥视察亚美尼亚沙摩尔核电厂控制室

9.2　设计特征

亚美尼亚核电厂是双机组 VVER-440/230 发电厂，位于亚美尼亚首都埃里温郊外。发生火灾时，亚美尼亚是苏联的一部分。

1 号机组于 1976 年开始运行，并于 1989 年永久关闭。2 号机组于 1979 年开始运行。这两个机组共享汽轮机厂房，有 4 台汽轮发电机（每个机组对应两台发电机）。每个反应堆都有一个单独的厂房，每个机组有 6 个蒸汽发生器。蒸汽发生器的容量应确保在反应堆跳闸后 5 个小时内无需补充水或堆芯注水。此功能在火灾中起了重要作用。这两个机组不共享任何系统。最终热阱由自然通风的冷却塔提供。柴油发电机位于远离主反应堆和汽轮机厂房的单独构筑物中。每个机组有 3 台柴油发电机。电厂 3.6 米及 5.4 米平台布置图见图 52、图 53。

每个机组都有一个单独的主控制室负责反应堆控制。与电网的连接由位于厂址内的独立中央控制室控制。电源电缆和控制电缆穿过多个电缆管廊（电缆通道和电缆井）。发生火灾时，可以在同一电缆管廊中找到来自两个机组以及来自同一系统冗余列的电缆（自发生火灾后，已对电缆的布线进行了修改，以最大限度地减少原始设计的共置问题，并在电缆上应用了阻燃涂层）。将电缆铺设在水平电缆桥架中，没有阻燃材料对其进行保护。根据苏联的测试标准，电缆绝缘等级为耐火 0.5 小时。

9.3　事故进程

1982 年 10 月 15 日上午 9:55，在两个独立分区（电缆廊）中，沿着电源电缆 7 个不同点起火。火灾主要影响了 1 号机组。对 2 号机组的影响远没有 1 号机组严重。

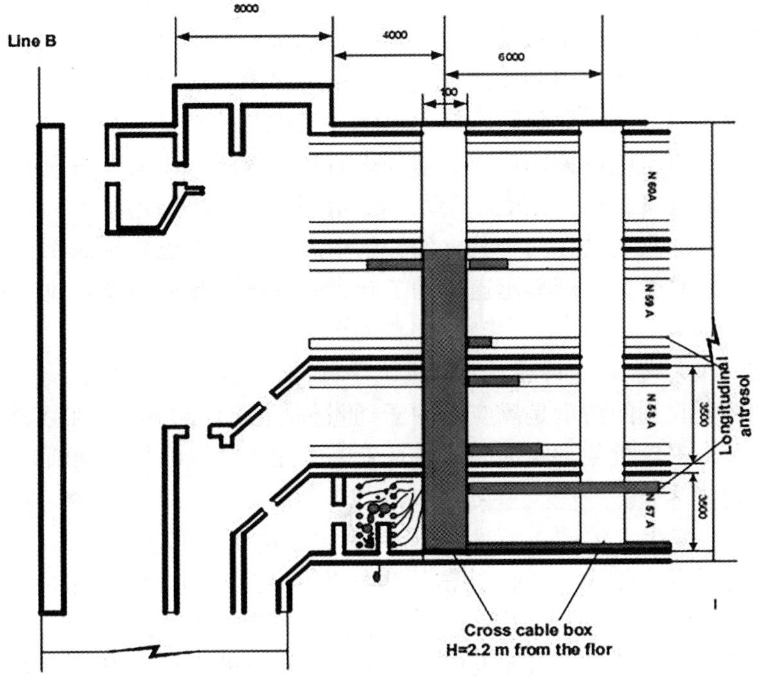

图 52　电厂 3.6 米平台布置图

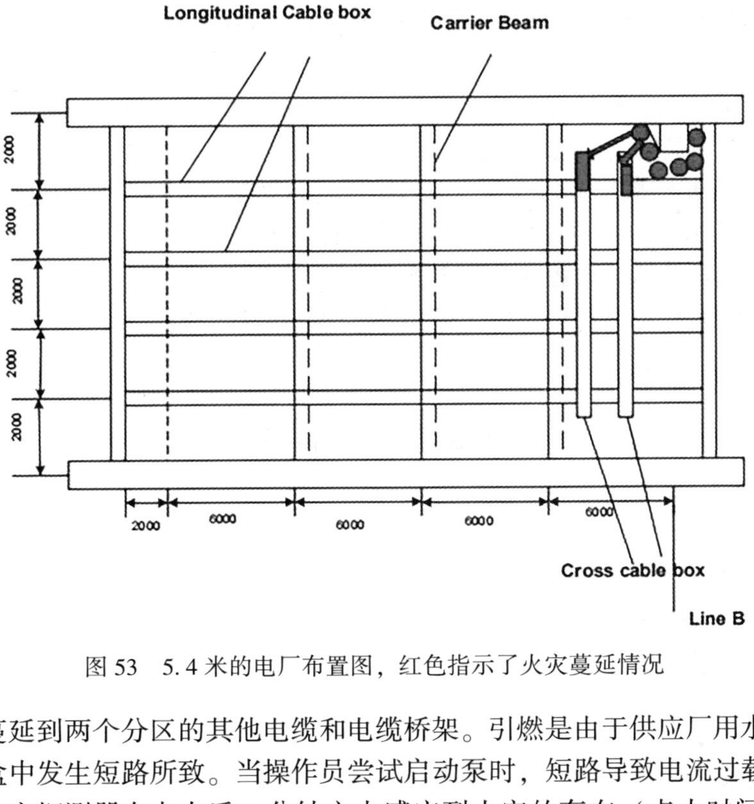

图 53　5.4 米的电厂布置图，红色指示了火灾蔓延情况

大火迅速蔓延到两个分区的其他电缆和电缆桥架。引燃是由于供应厂用水泵的 6 千伏电力电缆的接线盒中发生短路所致。当操作员尝试启动泵时，短路导致电流过载。

本地自动火灾探测器在点火后 1 分钟之内感应到火灾的存在（点火时间假定为操作员

操纵泵开关的时刻）。探测器在 1 号控制室和中央控制室发出警报。电缆通道配有自动泡沫灭火系统。但是，系统最初并未启动，因为系统控制被设置为手动模式了。在被纠正之前，系统控制电缆已被大火损坏，因此无法在整个火灾过程中激活系统。

在着火后 5 分钟内呼叫了消防队。扑灭电气火灾的程序规定，在包含电气设备或电缆，并被烟熏的分区内，直至电源关闭后才启动灭火活动。因此，该灭火在现场等待，直到大火发生 20 分钟后大约 10 : 15 才开始灭火活动。最初的灭火行动是使用消防水带和水流。

如前所述，最初的火灾是在两个独立的分区中点燃的。火也蔓延到相邻的电缆井。由于开放的电缆穿透、门和舱口，烟雾迅速充满了起火的分区，并传播到其他房间，包括 1 号机组主控制室。

大约 10 : 05，在大火 10 分钟后，1 号机组主回路的主循环泵丧失了。这启动了紧急保护信号。在控制板上收到的指示是反应堆中子通量周期少于 20 秒。400 V 和 220 VDC 安全母线随后也丧失了。汽轮机截止阀关闭，并且发电机在 2 分钟内与电网断开。最终火灾导致大量部件丧失了功能。

大约 12 : 10，在发生火灾的 2 小时 15 分钟时，经历了短路，导致二次火灾和全厂彻底停电。调查小组随后得出结论，水流冲击导致与主机汽轮发电机相关的控制电缆短路。结果，1 号机组的两个发电机（即 G-1 和 G-2）的主断路器虚假闭合，并将这两个汽轮发电机连接到电网，导致了几次短路。汽轮发电机由于电气和机械过载而发生故障。2 号汽轮发电机在动力输出处短路。由于发电机故障和短路，氢气逸出并爆炸，2 号汽轮机附近点燃了油火，并吞没了储油罐。二次大火最终影响了汽轮机厂房将近 300 平米。除了汽轮发电机之外，启动变压器还受到汽轮发电机与电网的无意连接导致的过载影响。由于过载，变压器爆炸并着火。

在 12 : 30，电厂人员开始铺设临时电缆，用于将柴油发电机连接到各个负载。12 : 45，1 号机组控制室失去了反应堆的所有仪表和控制。

到 15 : 13 时，使用从厂房外的备用电缆布线（从柴油发电机到泵的电动机绕组），恢复了两个高压应急堆芯冷却泵的电源。这样就重新建立了堆芯冷却能力。

在 16 : 00，消防队认为火势在控制之下。

在 16 : 58，宣布火势已扑灭。火灾持续总时间超过 7 个小时。

9.4 设备损失

（1）大量电力电缆；

（2）大量控制电缆；

（3）2 号汽轮发电机；

（4）启动变压器；

（5）现场通信；

（6）现场电源；

（7）柴油发电机电源电缆。

9.5 受损区域

控制厂房和汽轮机厂房遭受了严重破坏。汽轮机厂房中约 300 平方米的区域受到火灾影响，主要损坏了 2 号汽轮发电机。在控制厂房内，约 400 平方米的电缆布线区域受到火灾的影响。烟雾几乎进入控制厂房的所有部分，包括控制室。当时，电厂没有设置备用控制室或备用停机功能。

9.6 对堆芯冷却的影响

尽管电厂长时间停电，但通过主回路中的自然循环以及蒸汽发生器中残留的水来保持堆芯冷却。尽管所有有效的堆芯冷却方式都已经消失了一段时间，但在大火期间，堆芯冷却从未停止。这是由于反应堆冷却的次级侧容量大。火灾未对燃料包壳、主外壳和密闭容器造成不利影响。着火约 5 小时后，通过将备用电缆从柴油发电机直接安装到给水泵上，将水直接注入蒸汽发生器。

9.7 事件分析

从经典的消防术语和核安全的角度来看，亚美尼亚核电厂事件都被认为是核电行业最严重的火灾事故之一。

火灾本身很严重，并蔓延到几个电厂区域。1 号机组的所有安全相关系统都被停用了几个小时。蒸汽发生器可以通过自然循环吸纳几个小时的反应堆热量，所以防止了 1 号机组的堆芯损坏。这使工厂人员有足够的时间来铺设从柴油发电机厂房到高压喷射泵电动机的临时电源线，以恢复能动冷却功能。

该事件的根本原因在报告中部分归因于人为错误，因为操作员显然在尝试启动泵时未遵循正确的程序。但是，根据可用信息，无法明确识别出确切的错误。报告还指出，起火是由 6 千伏电力系统中的短路和保护装置无法正常工作引起的。另外，电缆的耐火性很差，并且冗余列之间缺乏分隔，从而使火势迅速蔓延，并使许多重要的电厂系统瘫痪。最后，由于缺乏合格的防火屏障，导致火灾在不同房间之间传播，使灭火工作复杂化，并造成进一步的破坏。

该事件还表明，可自燃电缆着火是可能的。实际上，在这种情况下，电缆着火的主要原因不是电缆损坏或退化（如在苏联设计的反应堆的其他事件中所见），而是电缆的简单过载。报告估计该电缆承受了超过 10 kA 的故障电流。据推测，由于电缆的高电势（电压和电流）以及电缆的易燃性，大火在两个单独的隔间中迅速蔓延，并蔓延到其他电缆和电缆桥架，包括金属盒内的电缆（可能接线盒或封闭的管道）。

10 乌克兰扎波罗热核电厂事故

10.1 背 景

乌克兰扎波罗热核电厂是欧洲最大、全球排名第三的核电厂。它坐落在第聂伯河卡霍夫卡水库河畔，靠近艾那荷达市。见图 54。它建有 6 个 VVER-1000 压水反应堆，分别可输出 1000 兆瓦的电力。前 5 个反应堆在 1985 年至 1989 年间陆续竣工营运，1995 年再加建了第 6 个。见图 55。扎波罗热核电厂提供了乌克兰一半以上的核能电力，约占全国总发电量的五分之一[43]。

图 54 乌克兰扎波罗热核电厂位置

图 55 厂址鸟瞰图

1 号机组建设始于 1980 年，当处于最后阶段时，1984 年 1 月 27 日发生了严重的电缆火灾，其结果是工厂的首次运行推迟到 1984 年 11 月。机组于 1985 年 4 月开始商业运行。发生火灾时，尚未安装一些电缆贯穿密封件，还有一些其他贯穿密封件被重新打开为了进行检查。其他机组在 1985 年至 1995 年之间投入运营。

在此处描述的大火发生时，乌克兰是苏联的一部分。

10.2 事故进程

1984 年 1 月 27 日，1 号机组处于建设的最后阶段，显然该反应堆尚未启动。

在 17:15，据报道在控制厂房的 13.2 米高处发生了一场大火。后来推测是 114 号接线盒的故障引起了火灾。根据能获得的信息，接线盒的功能特性和初始故障的性质尚不清楚。现假设有一个松动部件掉进了箱子里。

火势通过电缆蔓延出接线盒，并进入电缆井，并开始沿电缆竖线开始向上燃烧。最终，大火蔓延至控制厂房的所有高处。作为火灾应对，操作员操作电气系统（包括直流电源系统）跳闸。

在初期阶段进行灭火的所有尝试均告失败。两名操作员甚至试图在烟雾中爬行，并用手提灭火器接近火势。但由于浓烟，他们又不得不撤退，召集了工厂人员和场外消防队来支持灭火工作。消防员使用楼梯间进行自我定位，在控制厂房的不同位置喷水。然而，由于消防员不熟悉建筑物的布置，并且由于建筑物中浓烟，他们在某些地方灭火毫无效果，并且火势继续蔓延。最终，超过 115 名消防员参加了灭火工作。

直到 19:25，即着火大约 2 个小时后，大火仍然局限于电缆井。此时，防火屏障失效，火势在 4 个单独的高度（16.0、19.0、21.0 和 24.0 米处）蔓延到与电缆井相邻的区域。在 16.0 米处，雨淋系统被激活（尚不清楚是手动完成还是自动完成），并控制了该楼层的火灾。20.0 米处的喷淋系统在该平台控制住了火灾。

尽管到 21:00 宣告 16.0 米平台的大火已熄灭，但大火继续蔓延到 19.0 米和 24.0 米高处。在 19.0 米平台处，通过喷淋系统阻止了大火。尽管固定抑制系统在不同的高度产生了影响，但火势仍在继续蔓延，到 21:40 时，火势达到了 28.3 米和 41.0 米。

24:00，大火被宣告熄灭，消防泵停止运转。但是，在 1 月 18 日的 01:15，工厂工作人员注意到 20.4 米平台处存在电缆着火。显然，这是先前在该平台抑制火势的重燃。重新启动消防泵，将消防水喷洒到受影响的电缆井内部和电缆槽中。灭火又进行了 11 个小时，最终在发现大火之后超过 17 个小时，大火被完全扑灭。

10.3 事件分析

引起火灾的根本原因可归因于电气故障，导致电缆自燃。尽管故障的实际性质尚不清楚，但现有报告援引最可能的解释是，接线盒内部发生了火灾，原因是外部物体短路了裸露的端子，或者是自燃的电缆着火。然后，火从接线盒蔓延到相关的电缆，这些电缆进入接线盒的顶部，然后从那里进入电缆竖井。

自燃电缆起火可被视为罕见事件。通常会假定发生此类火灾的可能性与电缆的特定特性、电缆制造方法和电缆安装方法有关。在美国核电厂的火灾分析中，在使用 IEEE-383 合格的低火焰蔓延电缆条件下，自燃电缆火灾是难以置信的。对于乌克兰扎波罗热核电厂，不清楚电缆和接线盒的鉴定标准。

起初似乎火势蔓延相当缓慢，但是稳定地蔓延。在发现后 2~4 个小时内报告的某些信息表明，在此期间火势可能蔓延得更快，但这些信息有些矛盾。发生火灾的电缆井中的电缆竖井是火灾蔓延的主要途径。从许多方面来看，这场火灾是火灾场景中通常假定的“经典”引发和扩散行为。就是说，火势开始很小，蔓延到邻近的电缆，蔓延到附近的电缆槽和电缆竖井，然后不受控制地蔓延，直到开始了扑救工作。因此，就此而言，火灾分析可能会推测受影响舱室中火灾的潜在发展，至少直到其他火灾区域都涉及。

操作员最初灭火的尝试失败了，因为他们没有合适的设备来处理烟雾。消防队随后的努力也受到烟雾的阻碍，致使消防员无法清楚地识别出活跃燃烧的区域。起初，消防员的扑火效率低下，这在很大程度上归因于浓烟的累积。其他因素包括缺乏足够的消防计划，以及消防员对电厂不熟悉。最终，大火设法向上蔓延至几乎所有控制厂房标高。此事件表明，烟雾可能对消防活动产生影响。在火灾分析中，通常没有明确模拟烟雾对消防员的影响。通常认为，一旦消防员到达现场，他们将迅速有效地控制和灭火。手动灭火时间基于消防队的响应时间是很常见的，而没有明确考虑消防员到达时可能遇到的情况。

缺乏消防队培训和消防计划是这一事件的另一种看法。从现有资料来看，这个因素的重要性尚不清楚。在美国进行的火灾分析中，经常对消防队的训练进行一些详细的审查。在这种情况下，也有报道称，尽管消防员对火在哪里燃烧并不清楚，但他们仍在努力喷水。在火灾危险性分析中考虑到了误导抑制的可能性，但通常将其忽略。这次事件表明，确实存在采取此类行动的可能性，并提供了一些可以预料的情况的指示。也就是说，对于火灾分析来说，认真考虑对现场消防队的训练被认为是适当且重要的。此外，还应考虑与场外消防队互动的合作，协调和消防前计划的水平，可能需要这些场外消防队来支持工厂的消防工作。

报告指出，不完全和未密封的贯穿件是造成火灾蔓延的因素。但是，从可用信息中可以推断出，至少有一些名义上完好无损的防火屏障被大火所淹没。这是由于大火在蔓延到各个相邻空间之前仅在电缆井中停留了 2 小时以上。因此，很可能许多防火屏障完好无损并限制了火势，但持续燃烧最终使屏障的某些要素不堪重负而损坏，并使火势蔓延到邻近区域。在美国核电厂的防火分析中，通常会假设所有防火屏障均经过适当设计和安装，以承受大多数地区可能遇到的火灾威胁。此外，一般不认为电缆是高危险性的燃料源，因此电缆火灾将淹没额定防火屏障的可能性被认为很小。在这种情况下，通常为障碍分配较小的随机故障概率，通常为每个需求 0. 01 的数量级。由于苏联与美国的屏障资格和监控实践可能存在差异，因此该经验在美国工厂的适用性尚不清楚。

此次事件是发生长期火灾后再燃的少数事件之一。在其他情况下，最初的灭火尝试不能成功，在结束灭火后立即重新燃起了火苗。在使用手持式气体灭火器进行灭火的情况下尤其如此。在这种情况下，最初宣布发生大火后一个多小时，接到报告说一个地区的大火已重新点燃。重新点燃的主要原因很可能是电缆束在深处燃烧并暴露在新鲜空气中。在典型的火灾分析中未考虑重新点燃的可能性。但是，可以争论的是，由于火灾分析中使用的模型是基于实际火灾发生的，因此从经验上讲它包括重新燃爆的可能性。该事件指出，如果要对灭火模型进行更详细的建模，则应包括在该模型中重新闪光的可能性。

由于电厂仍在建设中且尚未运行，因此该事件几乎无法洞悉火灾对电厂运营和操作员行为的影响。但是，可以从现有的报告中推断出，如果该电厂已经投入运营，则对电厂运营的影响将是严重的。在火灾中，三个安全部门都出现了失误，因此堆芯冷却功能将可能受到严重挑战。

11　苏联南乌克兰核电厂事故

11.1　背　景

南乌克兰核电厂位于乌克兰尼古拉耶夫附近。该基地有 3 个运行机组，1975 年开始建设，每个机组均为 VVER-1000 型反应堆，原先预想的后续机组未建设。火灾发生时，乌克兰还是苏联的一部分，其 2 号机组正处于最后的建造阶段。反应堆已装载了新燃料，主压力容器已扣盖，但尚未启动反应堆[44]，此时安全壳内的一场火灾摧毁了大量电缆。

图 56　南乌克兰核电厂厂址图

11.2　设计特征

南乌克兰核电厂 1 号机组于 1982 年 12 月 31 日、2 号机组于 1985 年 1 月 6 日、3 号机组于 1989 年 9 月 20 日进行调试。

1 号和 2 号机组是系列设计，其设置了 VVER-1000 型反应堆和独立的反应堆构筑物，并与一个公用厂房相连。反应堆厂房为 76 米高气密的圆柱形安全壳，带有球形圆顶，竖立在混凝土基筏上，其由预应力混凝土浇筑而成。

3 号机组也是 VVER-1000 反应堆。主体建筑包括反应堆厂房，包括密闭式安全壳、附属电气厂房、除氧器厂房、特殊厂房等。反应堆厂房可容纳反应堆、蒸汽发生器、主循环泵、增压器、主循环回路管道、应急冷却系统储罐、加油机、乏燃料和加油池，以及其他工艺设备。反应堆大厅的所有系统均由主控制室控制。

在 1 号和 2 号机组的公共厂房中，容纳了两个汽轮发电机。厂房内主要设备的纵向布置。机房的不同楼层分别设有汽轮机和发电机服务系统、泵设备、冷却和润滑系统、水分分离器—再热器、辅助设备。

3 号机组的厂房包含汽轮发电机以及二次回路辅助处理系统的设备和管道。

除了主要的构筑物和结构外，南乌克兰核电厂还有两个特殊的构筑物——用于放射性物质处理的技术车间，设置有专门的设备。水净化系统用于处理系统的水净化，净化后的水返回到循环中，并用于补充主工艺回路。

在南乌克兰核电厂现场分别布置：汽轮发电机站，供气设施厂房，启动锅炉房，机组泵站，冷固体废物储存库，室外开关设备，铁路和机动车道的多分支网络。

11.3 事故序列

1984 年 12 月 14 日 7:55，2 号机组的操作员开始给安全壳加压，以测试其完整性和密封性。12 月 15 日 04:30，安全壳处于约 0.36 兆帕的正压状态。

在 09:00，操作员注意到一列温度仪表无法正常工作。对安全壳外温度仪表组进行了检查，未发现损坏。

在 10:47，检查了稳压器、加热器的状态，发现在 28 个加热器中的 17 个供电时无电阻。

大约 11:40，电厂人员正在检查配电盘，发现几个继电器线圈着火了。同时，工厂人员注意到安全壳内的压力已从 0.36 兆帕增加到 0.38 兆帕，并且无法确定此现象的原因。推测压力上升可能是由于安全壳内的火灾所致，电厂经理下令要求降低安全壳内的压力，并派遣消防队。

在 12:00，操作员开始使用专门设计的直径 300 毫米（约 12 英寸）的管道来降低安全壳内压力。操作员注意到来自安全壳的空气中有燃烧的气味，并观察到烟雾。但是，火灾探测器面板上没有显示安全壳内有火。电厂人员都开始安装软管来灭火。

12 时 10 分，消防队赶到现场。在第一和第二安全列的控制面板上，操作员注意到安全壳压力指示异常。这归因于相关仪表电路的短路。由于“保险丝烧断”（可能是起火引起的另一个故障，但在报告中未明确确定），第三安全列面板上的指示器未工作。

13:20，安全壳中的压力达到大气压水平。电厂人员和消防队成员进入安全壳，并在 A305 区的 1、2 号防火分区发现了起火。几乎立即开始行动，并扑灭了大火。

13:45，火灾报警器面板重新调整以正确指示火灾情况。大约在这个时候，操作员还注意到安全壳 A-503/1 和 A-505/1 区的温度已达到 150 ℃。显然，这些区域的自动抑制系统当时未起作用（已切换为“手动”模式）。因此，消防员用消防水带接近了两个防火分区。

17:00，检查了所有发生火灾的防火分区，并宣布大火已扑灭。实际的起火时间未准确确定，最有可能在 12 月 15 日 04:30 到 09:00 之间开始。经确定，大火始于安全壳内的第二安全列的电缆通道内。在 09 : 00，注意到最初的异常迹象。假设在 09 : 00 或 09 : 00 之前着火，则着火持续时间约为 10 小时。

11.4 事故后果

确定影响火势发生和蔓延的因素如下：

（1）通过安全壳贯穿件为稳压器、加热器供电的动力电缆；

（2）安全壳内加压导致贯穿件内的电线移动，并触发短路；

（3）包括非绝缘电线或电气穿通线的贯穿件；

（4）事故发生时，贯穿件区域潮湿，因此导致断线之间短路；

（5）加压增加了安全壳内的氧气浓度（即分压）；

（6）电缆之间的电弧在防火分区 A305/2 中点了火；

（7）热气通过两者之间的开口从 A305/2 逸入 A305/1 防火分区，并在那里起火；

（8）长时间暴露在高温气体和火焰中会损坏 22.8 米高处的天花板密封，并使火势蔓延到高处的第二安全列电缆。这导致大火蔓延到反应堆厂房的电缆井和 32 米高处的环型空间中。

11.5 事故分析

引起火灾和广泛蔓延的确切原因尚不清楚。据推测，起火是通过电气贯穿件开始的。特别是，怀疑安全壳的加压导致贯穿件内的电线移动，从而导致短路，并可能导致过载。贯穿件区域的潮湿也可能是一个因素。可获得的报告指出，起火显然是由于电缆状况不佳以及电缆在贯穿孔内受到的机械损坏引起的。

该结论得到核电厂人员在实际火灾前的观察的支持。也就是说，在此火灾事件发生之前，已观察到一系列事件和条件，这些事件和条件可视为引发火灾的先兆。例如，在电缆桥架中的电缆之间发现电弧。在另一种情况下，电缆中发现严重发热的迹象。因此，可以得出结论，密闭容器的压力仅仅是“触发作用”，它使先前存在的电缆损坏出现起火。在任何情况下，插入组件中或附近的短路都可能导致电缆电流过载和自燃电缆着火。在典型的火灾分析中，未明确建模导致火灾着火的特定条件。而是，通过对整个行业中核电厂中类似事件的统计分析来确定着火的可能性。在估计着火频率时，很少考虑工厂的特定条件，至少在此详细级别上。从根本上讲，当前的分析做法将获得自燃式电缆起火的可能性，尽管不会模拟导致起火的具体机制。

操作人员根据压力上升和其他观察准确怀疑安全壳内发生火灾。对于核电厂营运单位而言，这可以说是相当高素质的准确判断。如果越早发现这一点，那么人工消防队的响应就不会拖延很长时间，而且火灾可能不会进展到最终程度。

这是在密闭安全壳内发生的几起重大火灾事件之一。在火灾分析中，通常假定密闭火灾的风险不大。在火灾分析的早期阶段，通常用筛选出的密闭结构只花了最少精力。从操作的角度来看，此事件既不会否定也不支持该假设。但是，这确实表明有可能在密闭容器内部遭受严重的火灾。因此，对安全壳加以一些额外注意可能是适当的。

12 苏联加里宁核电厂事故

12.1 背 景

加里宁核电厂是位于俄罗斯特维尔伏尔加河的 4 机组核电厂。见图 57。所有 4 个机组都是 VVER-1000 型。自 20 世纪 80 年代中期以来，1 号和 2 号机组（V-338 型）一直在运行，3 号和 4 号机组（V-320 型）分别于 2004 年和 2012 年并网发电[45]。见图 58。

图 57 加里宁核电厂

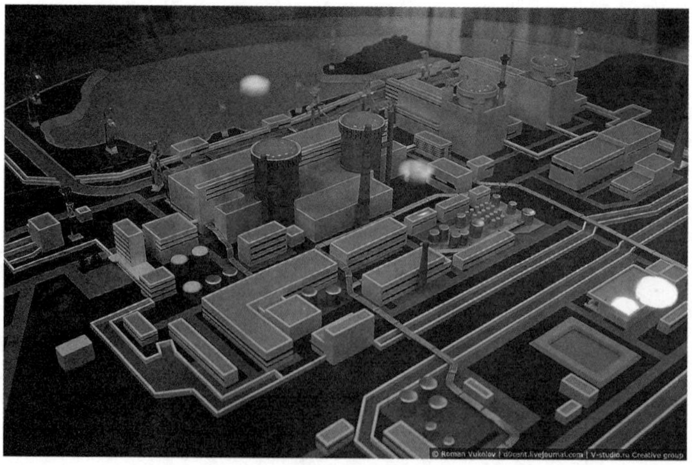

图 58 加里宁核电厂模型

在大火发生时，俄罗斯还是苏联的一部分。

1 号机组建设始于 1977 年，并在 1984 年 4 月达到了首次临界[46]，1984 年 5 月开始发电运行，但是直到 1985 年 6 月才开始商业运营。本书所述的大火发生于 1984 年 12 月，大约在首次供电运营后 7 个月，但尚未开始商业运营。2 号机组建设已经进行了约两年，但在大火发生时尚未完工。

该机组是苏联设计的典型反应堆，具有两个汽轮发电机和两个控制室。一个主控室负责反应堆的运行，而第二个中央控制室则负责核电厂发电侧。另外，加里宁核电厂设计包括 3 列安全系统。

1 号机组于 2014 年获准运行寿期延长至 2025 年。

12.2 设计特征

加里宁核电厂 1 号和 2 号机组均为主循环泵（MCP）、稳压器和蒸汽发生器的 4 个冷却循环回路。上述反应堆及辅助系统被封装在直径 47.4 米、高 76 米的密封安全壳内，安全壳为预应力钢筋混凝土浇筑。汽轮机厂房为两机组共用。主厂房和辅助厂房、构筑物和户外配电站位于一般不能随便进入的安全区域。

上述反应堆拥有三重独立工作的安全系统：主设备运行产生小误差时的自动停堆、包容所有反应堆设备的密封安全壳，以及反应堆自调节能力。

PGV-1000 蒸汽发生器是一个带有管束的一体化卧式热交换器，它用于从二回路水中产生干饱和蒸汽。加里宁核电厂是苏联唯一的蒸汽发生器运行超过 10 万小时而没有更换的核电厂。

加里宁核电厂通过 3 条 750 千伏输电线向莫斯科、圣彼得堡和弗拉基米尔供电，并通过两条 330 千伏输电线向特维尔供电，一条向切列波韦茨供电的 750 千伏输电线。截至 2001 年底，加里宁核电厂共发电 176.9 太瓦时，2001 年发电 14 太瓦时，平均负荷因子 80%，可利用因子 80.4%。

12.3 事故进程

1984 年 12 月 18 日 18:28，加里宁核电厂 1 号机组正在发电运行，大修后的厂用水泵正在重新启动。在泵的盖子上可以看到火花，并且从泵的方向发出“未知的声音”（据正在该泵工作地区的工人报告）。后来确定在启动时，厂用水泵开始以错误的方向旋转（可能是由于电源连接上的相位反转）。这导致电气控制系统发生故障。另一个断路器故障导致汽轮机厂房发生断路器柜起火和 6 千伏电缆起火。

在厂用水泵区域工作的机械师和电工试图用紧急开关使水泵跳闸，但水泵没有实现跳闸。他们打电话给控制室，并要求操作员从那里跳泵。见图 59。控制室操作员也无法使泵跳闸。此后，工人观察到电动机中产生电弧，并且电动机的电缆连接开始在墙壁附近燃烧。

由于相关的电源断路器未打开，因此电工呼叫控制配电系统的中央控制室，要求那里的操作员为安全动力系列断电。6 千伏动力总成跳闸，非水泵停止运转。但此时，厂用水泵的断路器柜内起火。工人断路了相关的变压器，打开柜门，并向火上喷了二氧化碳。他们显然在制止该电气柜的火灾方面取得了成功。

图 59　加里宁核电厂控制室

然而，在 18 : 28，汽轮机厂房人员注意到汽轮机 B 下方-4.0 米高处的电缆桥架中发生了燃烧。见图 60。在 6 千伏电缆上，沿电缆的多个位置着火。可得的报告指出，怀疑 6 千伏电缆存在制造缺陷，并且由于不正确的电缆牵引方式而被损坏。因此，其绝缘被削弱或损坏并且易于失效。由此可以推测，由于泵和断路器问题而导致的绝缘层损坏和过载状态的综合作用，会在目标电缆中引起自燃式电缆着火。

图 60　汽轮发电机厂房

工厂人员立即开始了灭火过程，并求助现场外的消防队。

18 时 37 分，消防队赶到现场，开始了全面的灭火工作。

到 20 : 12（在控制室中首次发出警报后 1 小时 46 分钟），认为大火受到控制。

到 21 : 20，宣布大火完全扑灭。

尽管自动灭火系统显然无效。使用 SCBA 呼吸器在严重烟雾条件下进行了灭火。为了排出汽轮机厂房中的浓烟，打破了几扇窗户。氢气从发电机中排出，并且 6 千伏母线被断电。

12.4 事故后果

（1）设备损坏

1）6 千伏开关柜；

2）厂用水泵电机；

3）汽轮机 B 下方的电缆。

（2）受损区域

开关柜和泵处的火灾被限制在原始设备上。汽轮机厂房内的电缆火灾影响了大量电缆。见图 61。

图 61　汽轮发电机厂房内仪表

（3）对堆芯冷却的影响

可知信息来源未说明对堆芯冷却功能的影响。

（4）放射性释放

火灾未造成放射性释放或不适当的污染。

（5）人员伤亡

没有火灾引起工厂或外部消防员受伤的报告。

（6）公众影响

火灾及其对工厂的影响不会影响公众的健康和安全。

（7）对环境造成的影响

除了烟雾释放到大气中之外，没有放射性释放，污染或任何其他环境影响。

12.5 事件分析

从传统的消防工程角度来看，火灾非常严重。熊熊大火燃烧了近两个小时，产生了大量烟雾，需要几名消防员在有些恶劣的条件下工作，显然对工厂造成了实质性的物理损害。但是，这场大火对运营的影响显然不大，工厂操作人员似乎已经对大火事件做出了适当的反应。这再次说明，并非所有大火或长时间大火都会导致重大的核安全挑战。

该观察结果与当前的火灾分析方法完全一致。通常会根据对运行造成影响的最小可能性，定期对许多火灾区域进行火灾分析分析。这通常包括特别是对汽轮机厂房的关注，从传统的防火角度来看，汽轮机厂房众所周知会造成严重的火灾隐患。在这种情况下，显然没有重大安全设备受到火灾的威胁，而火灾分析可能会得出结论，即使长时间起火，也将构成很小的风险，当然，前提是将火灾限制在汽轮机厂房内。在这种情况下确实如此。

在此事件中，由于相同的故障原因，在核电厂 3 个不同位置实际上发生了 3 起火灾。这 3 个位置如下：供水泵本身、开关柜隔间和 6 千伏电缆。其共同的环节是同一个电路的联系。在 3 种火灾中，最严重的是汽轮机构筑物中的自燃电缆火灾。对于电缆，尽管电缆都在汽轮机厂房中，但实际上沿电缆的长度有数次点火。因此，在此事件中同时发生了多次火灾。火灾分析不能解决多次火灾。假定火灾彼此独立发生，因此同时发生的可能性很小。

这种情况还涉及自燃电缆着火。火灾分析中通常考虑此类火灾，但对于较新的核电厂以及根据 IEEE-383 测试标准将电缆认证为低火焰蔓延的情况，通常不予考虑。这一特殊事件在很一般的情况下证实了自燃电缆着火的可能性，但既没有证实也没有反驳关于低火焰传播电缆的假设。

13 中国台湾马鞍山核电厂火灾事件

13.1 背 景

马鞍山核电厂即台湾核三厂（图 62），系引进 GE/ABB 的压水堆，共有 2 台 95.6 万千瓦发电机组，1978 年 8 月开工建设，两台机组分别于 1984 年和 1985 年建成投产[47]。该核电厂属台电公司，建造费用 24 亿美元。台湾地区的核电统计见表 6。

图 62 马鞍山核电厂大门（醒目的数字 3 表示核“3”厂）

表 6 台湾地区核电厂统计

机组别		开工日期	商转日期	反应堆	汽轮发电机	装置容量/兆瓦	商转至 93.11 月底累计发电量
核一厂	1 号	1972.02.01	1978.12.10	GE 第四代沸水堆	西屋公司 ABB	636	1493.8 亿度
	2 号	1973.08.13	1979.07.15	GE 第四代沸水堆	西屋公司 ABB	636	1451.5 亿度
核二厂	1 号	1974.09.16	1981.12.28	GE 第六代沸水堆	西屋公司	985	1509.0 亿度
	2 号	1974.09.18	1983.03.16	GE 第六代沸水堆	西屋公司	985	1467.0 亿度
核三厂	1 号	1978.01.16	1984.07.28	西屋三回路压水堆	GE 公司 ABB	951	1258.0 亿度
	2 号	1978.07.16	1985.05.18	西屋三回路压水堆	GE 公司 ABB	951	1291.0 亿度

马鞍山核电厂位于中国台湾南端的恒春，厂址离恒春镇直线距离约 6 公里。

在设计与施工阶段，台电公司聘请了美国贝泰工程公司为厂房设计及现场施工指导的顾问公司。

核三厂地处中国台湾南部垦丁国家公园的南湾海域，附近有全台最美丽的珊瑚。为保护附近珊瑚不受影响，核三厂不惜花费巨资改善设备，以降低温排水温度。目前温排水对南湾海域珊瑚的影响仅限于出水口右侧浅滩附近。见图 63。

图 63　马鞍山核电厂鸟瞰图

13.2　事故进程

这次事故是中国台湾核电厂发生的第一次重大起火事故。

马鞍山 1 号堆是中国台湾第 5 座反应堆，于 1984 年 5 月 9 日投运。

1985 年 7 月 7 日下午 5 时，马鞍山 1 号机组于 97% 功率运行，电力输出约 885 兆瓦。反应堆处于自动控制状态，运行顺利。然而几分钟后，该机组的汽轮机厂房发生了历史性事故。这次事故的主要情况如下。

17 : 21 : 00，主控室的操作员感觉到高频和低振幅的振动。然后发现反应堆和汽轮机都自动跳堆跳机。

17 : 21 : 40，10 台汽轮机振动监测仪中有 5 台达到满量程指示，而其他 5 台则降至零。这种现象意味着汽轮机经历非常强烈的振动。

17 : 21 : 42，过程计算机的记录表明，汽轮机比反应堆跳闸得早。

17 : 21 : 45，发现发电机内的氢气压力迅速下降，这意味着大量氢气从发电机中泄漏出来。

事件发生的前 40 ~ 60 秒内，主控室的操作人员听到从汽轮机厂房传出来一声巨大的“嘭”声。

17 : 22 : 00，5~6 名现场操作员进入汽轮机厂房，发现发电机冒出浓烟。他们立即开始灭火工作。

17 : 27 : 30，汽轮机和发电机周围的自动灭火器开始喷水，但火仍未熄灭。

17 : 40 : 00，核电厂消防部门加入了灭火行动。

17 : 50 : 00，县消防局加入灭火行动。

18 : 50 火焰熄灭，事件终止。

经调查，在这次事故中，先是汽轮机损坏了 8 根叶片，接着 15 根叶片顶端损坏[48]。机轴因此失去平衡而发生强烈振动。发电机靠励磁机端之外的护罩松脱并破坏氢气密封机构，导致高压氢气大量外泄。发电机轴承密封破坏，发电机冷却用轴密封油从破损部位喷出。氢气和密封油引发汽轮机厂房内起火。汽机润滑油泵未及时关掉。见图 64。

图 64　火灾中相隔离母线汇流排烧毁情况

从根本原因分析，发现 1 号机组的汽轮机和发电机组的扭转振动的固有频率约为电气系统的两倍，在汽轮机上引起大的共振振动，并在最后阶段破坏 8 个叶片。

汽轮机厂房中的热量探测器监测到火灾，自动启动二氧化碳灭火系统。但系统显然未奏效。

火灾发生 10 分钟后，消防车赶到现场。消防员由于防火系统阀失效而遇到一些困难和额外的延误。在涡轮发生故障约 1 小时后开始喷水。火势显然非常激烈，消防员不得不保持一段距离。约两小时后火被扑灭。

火持续时间较长的原因是：

1）低压汽轮机的润滑油泵的关闭还不够早；

2）消防员试图挽救发电机，开始时不用水灭火。

已经对消防系统进行硬件和软件修改，以防止以前的错误再次发生。

此事件的主要纠正措施包括：

为了在 2 号机组（未发生事故机组）的低压汽轮机的最后阶段拆卸叶片，因此将扭转振动的固有频率改变为 119. 05 赫兹。这种情况只能在一个操作周期内有效，并且该装置的负载被限制在 500 兆瓦，以确保操作的安全性。

从长远来看，两台机组汽轮机的扭转振动的固有频率需要修改为小于 118 赫兹或大于 122 赫兹的范围。1 号机组的修改需要在重新启动之前完成，2 号机组的修改需要在第一次中断维护中完成。

13.3 事故后果

汽轮机故障也导致反应堆跳闸。虽然一些电缆和电机控制中心受到影响，但没有安全相关的设备受到影响，并且对反应堆停堆和堆芯冷却能力显然没有不利的干扰。事故没有引起任何放射性泄漏，无一人受伤。

这次火灾损坏的设备有：汽轮机转子、轴承、叶片以及发电机和激磁机外壳。

后经一年两个月停机修复，1 号机组才恢复正常运转，可谓损失惨重。

该核电厂在 1 号发电机部分烧毁后，于 8 月 11 日对 2 号发电机进行停产安全检查，并于 8 月 22 日恢复运行。

台电公司认为，这次起火是由于设计上不符合要求而造成的[49]。事后美国 GE 公司和台电公司达成有关火灾损失赔偿的协议。根据这项协议，美国 GE 公司将支付实际修复费用约 7500 万美元，并同意降低将向台电公司提供的化石燃料发电厂汽轮发电机组的价格，即每套机组降低工 1100 万美元，台电公司支付因火灾停运造成的代替动力费用[50]。

13.4 之后出现的火灾事件

2001 年 3 月 18 日凌晨，季节性盐雾灾害导致超高压 345 千伏级、高压 161 千伏输电线路相继跳闸，中国台湾核三厂丧失所有外电源。应急供电系统电源开关短路，随后引发火灾，断路器和开关完全烧毁，汇流排 A 室出现冒烟现象，两台应急柴油发电机自动启动，却无法并入。0 时 46 分，核三厂 1 号机组电源丧失，进入第二类 A 类紧急事故。情况持续 15 分钟仍未解决，进入第三类 A 级紧急事故。状况持续 2 个多小时，直至 2 : 54 分第五台柴油机成功供电。这次事故属于系统故障，没有出现辐射外泄问题。

该事件是中国台湾核能发电 22 年以来，首度发生三 A 紧急事故。（注：根据“台电”紧急计划事故分类，第一类紧急事故代表异常事件的示警通知，到第四类 B 级为最严重的事故，总共有八级。核电厂运行主管介绍，故障主要是电源系统，一度列为第三类 A 级紧急事故，代表“无放射性物质的厂区紧急事故”，随后降为二 A 级，目前已降为“一般事故”级。）

2009 年 6 月 12 日下午，中国台湾核三厂发生变压器漏油着火，尽管尚未危及反应堆，但不断窜起的黑烟让附近民众陷于恐慌。

中国台湾核三厂 2 号机组辅助变压器于 2015 年 4 月 26 日深夜 11 时 58 分发生总线短路导致机组跳机，进而起火燃烧，事件发生 17 分钟后被扑灭，2 号机组安全停机，没有任何辐射外泄。1 号机组完全不受影响。检查结果为辅助变压器受损，辅助变压器为供应厂内用电的电源之一。故障后，厂内仍有 345 千伏及 161 千伏等两个外电源供电，而且还有 3 台紧急柴油发电机备用，不影响电厂反应堆冷却用电安全。

14　苏联切尔诺贝利核电厂4号机组事故

14.1　背　景

切尔诺贝利核电厂位于乌克兰（原为苏联加盟共和国）首都基辅市北130公里处，第聂伯河支流的普里皮亚特河畔，靠近白俄罗斯边界。见图65。建造核电厂前，这里人口密度较低，大约70人/平方公里，核电厂处于白俄罗斯—乌克兰大森林地带的东部，周围是一片平坦的风景区。20世纪70年代初起苏联在此处选址建造核电厂，一期两个机组于1977年建成发电，二期两个机组于1983年建成发电，到1986年核电厂拥有4台RBMK-1000机组，原计划再建两台（5、6号）机组，4号机组事故后停建。

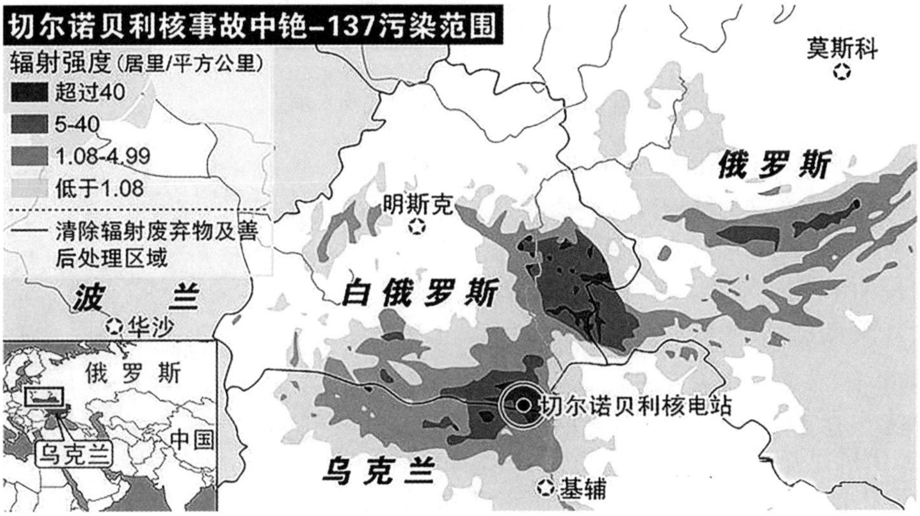

图65　切尔诺贝利核电厂位置

14.2　设计特征

RBMK-1000核电机组采用的是苏联独特设计的大型石墨沸水反应堆，用石墨作慢化剂，沸水作冷却剂。石墨砌体直径12米，高7米，重约1700吨，轻水在压力管内穿过堆芯被加热沸腾（图66）。堆芯石墨砌体中间孔道内可装1680根燃料管。反应堆是双环路冷却，每个环路与堆芯中 840 根含燃料管相互平行的垂直耐压管相连，堆芯入口处冷却剂温度为 270 ℃。水进入燃料管道，向上流动，被加热成局部沸腾，汇流到一边两个的共四个汽包中。汽包中的蒸气直接进入汽轮机厂房，两环路各对一台汽轮发电机组（一堆两机）发额定功率一半的电功率。见图 66。

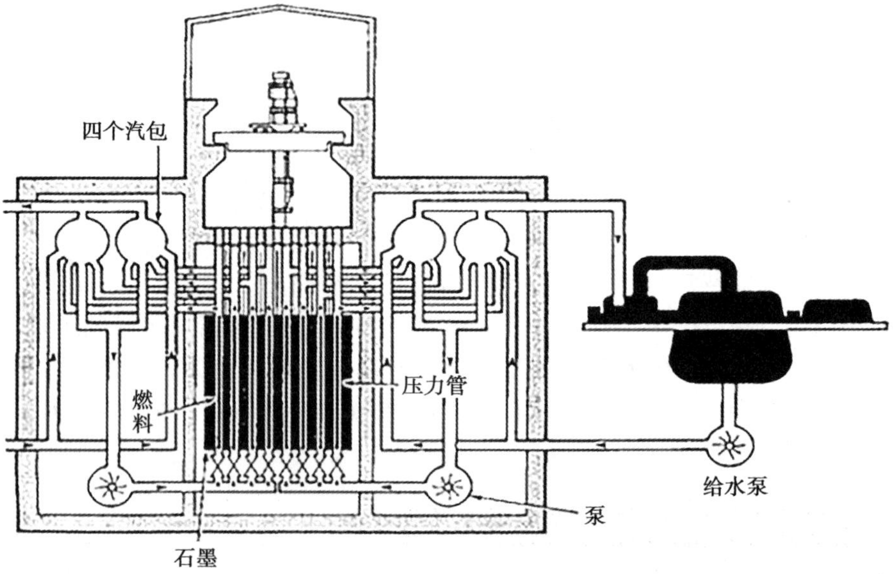

图 66　石墨慢化压力管式沸水堆

切尔诺贝利核电厂 RBMK 反应堆芯、堆体结构，与苏式石墨生产堆的结构极为类似（见图 67）从照片中可以看出反应堆厂房就是一个普通工厂大车间，但没有“安全壳”。同时反应堆是压力管式，由压力管承压。石墨砌体直径很大，所以也没有压力壳。

图 67　RBMK-1000 反应堆厂房，堆顶图

1986 年 4 月 26 日发生灾难性事故的是核电厂 4 号机组，该机组建成、投入运行是在 1983 年 12 月。事故发生前，它一直稳定运行在额定满功率下，按计划于 4 月 25 日停堆检修。

RBMK 石墨沸水堆设计本身存在着安全隐患，也是这次事故的内在原因，包括：

（1）低功率下堆存在不安全工况。因为这种堆冷却水存在沸腾产生空泡，而堆芯设计是正的空泡反应性系数，即空泡增加，反应性（功率）增加，又导致空泡数增加，进而反应性（功率）增加，堆处于非常危险状态。但好在高功率情况下反应性燃料温度系数是负的，在满功率下功率系数是负的，堆是安全的，但 20% 功率运行时，功率系数会变成正值。因此，运行规程中不允许堆在低于热功率 700 兆瓦下运行；

（2）冷却剂泵功能扰动可导致泵气蚀，空泡增加。在正空泡系数的情况下，会放大其效应，燃料通道的损坏会引起局部闪蒸，引入局部正反应性，并会在堆芯中快速扩展；

（3）在 700 ℃左右运行的大量石墨，遇水可能发生激烈的化学反应。

14.3 事故序列

4 月 25 日停堆前，就计划在停堆过程中进行惰转试验，以验证停堆后切断蒸汽供应情况下，利用汽轮机转子的惯性转动还能发出多少电量可供机组本身用电（厂用电），这是一种“挖潜”试验。即在全厂断电，失去外电源的情况，这也是一种可用电源。在有充分的安全措施和周密的试验大纲的情况下，这种试验可以进行，而且此前该电站其他机组也做过这类试验。

试验决定在 8 号汽轮发电机组上进行，且编制了试验大纲。

对试验中可能出现的安全问题没有仔细分析，没有准备安全措施，仅以一种纯粹公式化方式草拟了有关安全措施的部分，该大纲没有附加安全措施的规定，更为严重的是大纲要求关掉反应堆应急堆芯冷却系统。这就意味着在预计的整个试验过程中（大约 4 个小时）实质上降低了堆安全性。

4 月 25 日凌晨 1 点，堆开始降功率运行，13 点 5 分堆热功率为 1600 兆瓦（功率 50%），切断 7 号汽轮发电机组，4 号核电机组自身所需电力（厂用电）全挂在 8 号汽轮发电机组供电母线上。

14 点，按试验大纲将应急堆芯冷却系统与主冷却回路断开，此时主控室却指令堆在此功率下再继续运行一段时间，但此时应急堆芯冷却系统却被切除了，可以说是严重违反运行规程。

23 点 10 分，堆功率重新下降，按大纲要求惰转试验在 700～1000 兆瓦热功率下进行，但操作员未能控制好功率调节器，堆热功率下降至 30 兆瓦。

4 月 26 日 1 时，堆热功率才恢复稳定在 200 兆瓦，这个功率低于规定的功率要求（反应堆已低于 10%功率），堆处于不安全状态，尽管如此，相关人员仍决定继续试验工作。

1 点 3—7 分，主回路两侧各一台的备用冷却泵投入，过多地加大了堆芯流量，违反了运行规程，此运行方式能使泵叶轮损坏和在主冷却剂管内形成空泡并发生振荡。

1 点 23 分，堆参数接近稳定，试验开始。关闭了 7、8 号汽轮发电机组的全部应急调节阀，停止了蒸汽供应，但堆仍在热功率 200 兆瓦下运行。在此时正常状态下事故保护信号应动作，反应堆应当立即停堆。但试验人员却在第一次试验不成功后，为了保留再次试验的可能性，闭锁了这一事故保护信号，这又是一个未考虑后果的危险操作。试验开始不久，堆功率就开始上升，说明低功率下空泡效应产生的正反应性系数造成反应性上升。

1 点 23 分 40 秒，值长命令将所有控制棒（调节棒、补偿棒）和快速紧急停堆棒全部插入堆芯，此时除自动调节棒就在堆芯中之外，其他控制棒、停堆棒几乎都提到了堆顶。可惜的是往里插停堆棒（吸收棒）时受阻，靠重力也掉不下去，堆芯此时开始全面地出现正反应性、反应堆功率猛增。第一个功率峰值 4 秒之内就达到额定功率的 100 倍，停堆系统失灵。失去了控制的核裂变反应，像脱缰的野马，发出大量的热无法带走，堆芯迅速溶化，燃料直接接触水，引起了蒸汽爆炸，这是第一次爆炸。释放的能量掀起了 1000 吨重的堆顶盖板，切断了盖板上两侧的冷却管道，高温使得堆芯烧成许多碎块。见图 68。

图 68　切尔诺贝利核事故毁坏的 4 号反应堆

紧接着，冷却水和汽包、冷却剂管道的水又与熔融的燃料元件、包壳及大量的石墨发生了类似水煤气的反应，产生了大量可燃氢气、甲烷和一氧化碳，与水在高温下分解出的氧相结合而燃烧，产生了巨大而猛烈的化学爆炸。浓缩能量的气柱团夹杂着堆芯中高放射性物质碎片和石墨等结构材料冲开堆顶，又冲过没有设防的（没有安全壳）“密封厂房”，直冲天空，高达 1200 米。蒸汽爆炸破坏了堆体，而后的化学爆炸造成大量堆芯放射性物质的外溢。

14.4　事故应对

当时的苏联政府并没有意识到核电厂会出现此类严重事故，更没有要求核电厂编制应急计划，作好应急准备，而只是在操作规程中公式化地要求有“事故应对规程”。4 号机组事故事发突然，要控制事故发展已不可能，所以只能采取事故处理、处置过程，力图减缓事故造成的损害。

苏联政府在处理这次事故中，采取了不少强有力的措施，组织了消防队、防化兵、空中直升机部队、工程兵部队，甚至附近顿巴斯矿工（在堆底下挖坑道装冷却管道）。参加事故后应急处理的人员达到大约 20 万人，参加清理的人员更多，约 80 万人。国际上，像美国、前联邦德国都派出了支援的技术力量。

（1）首要任务——灭火

事故后的首要任务是灭火。反应堆爆炸使得加热到高温的堆芯碎片散落到反应堆的一些工作间、除气站和汽轮发电机厂房的屋顶上，于是引起了 30 多处着火。由于部分油管破裂，电缆短路和来自反应堆的强烈热辐射在汽轮机厂房 7 号汽轮发电机上方、被毁反应堆厂房和与相连的部分厂房起了火。

1时30分，核电厂值班消防队从普里皮亚特镇和切尔诺贝利城赶到事故现场。

由于汽轮机厂房屋顶的火势直接威胁到相邻的3号机组，并且火势愈来愈猛，必须采取紧急措施全力以赴来扑灭这一重要地区的火灾。与此同时，利用灭火器和室内固定消火栓组织了室内灭火。到2时10分扑灭了汽轮厂房屋顶的火，2时30分反应堆厂房顶部的火基本上被扑灭。到凌晨5时大火被扑灭了（图69）。

图69　灭火

事故初期，曾试图利用应急辅助给水泵向堆芯隔间供水以降低反应堆内各腔室内的温度和防止石墨砌体着火，但这一尝试无济于事。

随即不得不从两种决策中选取一种：一是用吸热剂和过滤材料覆盖反应堆堆体，把事故限制在现场；二是允许堆本体的燃烧过程直到自行结束。因为第二方案有可能使更大面积受到放射性污染并危及大城市居民的健康，所以采纳了第一种方案。

（2）投放混合材料，覆盖毁坏的反应堆

从4月27日到5月10日，共出动了300架次军用直升机投放了硼、白云石、砂子、黏土、铅的混合物约5000吨的材料，来覆盖毁坏的反应堆，使反应堆被一层能强吸收气溶胶粒子的松散材料所掩盖。到5月6日放射性排放不再成为一个主要问题，已降到每昼夜几百居里，到5月底降到每昼夜几十居里。

同时解决了降低燃料温度的问题。为了降低温度和减少氧的浓度，由压缩机用鼓风机往反应堆坑室下的空间送氮气。到5月6日反应堆坑室的温度停止上升，并随着通过堆芯到大气的恒定的空气对流而开始下降。

由于担心可能性极小的反应堆下部建筑结构的破坏而造成对地下水甚至水系的污染，采取了双保险性措施，决定了在厂房基础下部修建人工排热通道。所采取的方法是在混凝土板上设置一个平板式热交换器，为此调来了顿巴斯矿工在堆下坑道作业，完成这项任务，至6月底计划工作已告结束。

所采取的决定基本上是正确的。

从5月底以来，形势大体上已经稳定。反应堆厂房被毁灭部分处于稳定状态。经过短寿命同位素的衰变之后，辐射情况有所改善。从机组进入大气的放射性物质主要取决于风带走的气溶胶数量。放射性排放量每昼夜不超过几十居里。反应堆坑室的温度状态已经稳定。反应堆各部分的最高温度为几百摄氏度，并以每昼夜大约0.5℃的速率稳定下降。反应堆室底部混凝土板是完整的，并且大部分（~96%）的燃料局限在反应堆内和蒸汽—水管线及下部水管的隔室内。

（3）对厂内人员的救护

从爆炸10分钟后救出第一批4名伤员开始，36小时内从厂内共救出300多名受到辐射伤害的伤员，其中129名重伤员被送往莫斯科治疗。全国的卫生医疗部门、有关医疗单位和科研单位都组织起来，进行救护工作。

（4）将4号堆四周用厚1米（或以上）的混凝土防护墙将堆整个包起来

这种措施可以防止放射性物质泄漏，也可使周围辐射强度减弱。该方型庞大建筑，有人将之称为“石棺”。见图 70。汽轮机厂房内在 3 号机组和 4 号机组之间竖起了混凝土墙。事故后，3 号机组、1 号和 2 号机组相继停止运行，为了这些机组重新启动和运行，对它们进行了去污，并对厂区分区段进行了有效去污。

图 70　4 号堆加上“石棺”后的切尔诺贝利核电厂

（5）事故后对场外公众采取了隐蔽、疏散和服用碘片等防护措施

首先为监督周围地区的污染水平，组织了气象和辐射监测体系。空中监测是用装有空气取样器和辐射探测仪器的飞机和直升机进行的。4 月 26 日早晨，通知普里皮亚特镇的居民留在屋内，关闭门窗。学校和幼儿园也关了门。事故发生的头两天测量表明，留在室内的人是上大街的人所受剂量的 1/5～1/2。4 月 26 日深夜，普里皮亚特镇辐射水平开始上升，27 日达到 10 毫希/时。如果居民仍留在家里不采取其他对策，则很快要超过苏联规定的干预水平下界（250 毫希）和上界（750 毫希，全身剂量）。根据辐射监测的第一批结果确定了安全撤离路线，4 月 27 日早晨普里皮亚特镇开始疏散。见图 71。

图 71　应急撤离后的普里皮亚特镇

规定对疏散人员的皮肤进行去污，有些人要更换衣服。俄罗斯、乌克兰和白俄罗斯三个共和国共疏散 116 000 人，安置在附近的地区。为了防止放射性碘（主要是碘-131）在甲状腺的积累，从 26 日晨在普里皮亚特镇开始发放稳定的碘化钾。以后全苏联给 540 万居民（包括 170 万儿童）发了碘预防药物。

有数万头牲畜从污染区迁走，采取了许多防止或减少水体和地下水源受污染的措施，禁止食用当地相当大范围内所产牛奶和其他食品。

(6) 采取了污染地区进出控制和去污等强力措施

按污染的测量水平，对 30 公里半径以内三个区加以控制：①工厂周围大约 4~5 公里，近期一般居民不能进入，禁止从事非必需的作业；②5~10 公里，部分人员可以返回，在一定时间后允许从事某些特殊的作业；③10~30 公里，居民以后可以返回，重新恢复农业活动，但须有严格的放射性监督。在上述这些区域的边界上要控制人员和车辆的往来，减少放射性污染的弥散。

对反应堆场外 7000 平方公里污染地区内的房屋，特别是公共建筑（学校、幼儿园等）进行了反复的去污，不能去污到可接受水平的低价旧房予以拆毁和焚烧。道路和其他污染表面经去污后 γ 剂量率减低到原先的 1/100~1/10。污染的农田采用深耕和增加矿物肥料，减少核素的转移和辐射水平。

(7) 对紧急措施的评价

国际原子能机构（IAEA）组织的国际调查组 1991 年的报告指出，史无前例的事故突然发生，早期的应急措施只能是临时现凑的，但大体上符合当时国际上的指导原则；这些措施也许还可以实行得更好些，但这要考虑当时的实际情况；已实施与准备实施的长远措施尽管出于好意，但一般都超出了严格按辐射防护观点必须做到的要求，例如搬迁和食品控制可以不要如此广泛。

14.5 事故后果

根据 IAEA 所公布的数据：

(1) 事故后从白俄罗斯、乌克兰和俄罗斯三国撤离了 11.6 万人，最后搬迁移居了 21 万公众；

(2) 释放出的放射性物质的总活度约 12×10^{18} 贝可，其中包括约 $6\sim7\times10^{18}$ 贝可的惰性气体，相当于 100%的堆内总量，碘-131 为 2×10^{18} 贝可相当于 60%堆内总量，铯-137 为 9×10^{16} 贝可相当于 50%堆内总量，铯-134 为 6×10^{16} 贝可，相当于 20%堆内总量；相当于堆内约 3%~4%的烧过的核燃料、100%的堆内产生的惰性气体和 20%~60%易挥发核素释放到堆外；

(3) 由于释放出来的放射性物质随大气扩散，造成大范围污染。据估算，事故释放量扩散到各地区的比体大体为：事故现场 12%，20 公里范围内 51%，20 公里范围以外 37%。由于持续 10 多天的释放以及气象变化等因素，在欧洲造成复杂的烟羽弥散轨迹，放射性物质沉降在苏联西部广大地区和欧洲国家。事故后，在整个北半球均可测出放射性沉降物；

(4) 事故中被认为患急性放射病而送入医院者共 237 人，确诊为不同程度急性放射病患者 134 人；

(5) 现场急性放射病死亡 28 人，非辐照原因死亡 3 人，其中 1 人死于冠状动脉栓塞，总计现场死亡人数为 31 人；

(6) 最严重的健康效应是儿童中的甲状腺癌发病率上升，到 1995 年确诊约 800 例。根据联合国有关组织从 1990—1997 年统计，受照的 18 岁以下的人员中诊断了甲状腺人数 1420

例，明显大于预期的例数；

（7）未观察到事故辐照而致的白血病发病率有特殊增加；

（8）对环境造成的影响没有传闻中那样严重，生态破坏不像媒体所传言那样；

（9）所幸的是，由于风向的关系，离核电厂最近的大城市基辅水源未被污染；

（10）最严重的是公众精神压力加大，心理损伤严重，焦虑、忧愁、宿命论和“受害者”心态滋生、社会心理影响强烈、严重和长期持续；

（11）社会、经济、政治和制度上都产生了深远影响，甚至有人说促进了苏联解体；

（12）很长一段时间公众对建设核电厂存在很大恐惧，在一些国家有谈“核”色变之虑。

图 72　新石棺

切尔诺贝利核事故发生 20 年后，联合国一份报告给出了明确的答案，并指出了补救生命的方法。

一个由 100 多名科学家组成的国际小组得出结论，20 年前的切尔诺贝利核电厂事故最终可能导致近 4000 人死于核辐射。但是，截至 2005 年中，只有不到 50 人的死亡直接与事故造成的核辐射有关，而且他们几乎都是高度暴露于核辐射的救援工作者，他们中很多人在事故发生后不到几个月就去世了，但是其余的人一直活到了 2004 年。

这些新的数字是由切尔诺贝利论坛发表的一篇标志性摘要报告提供的，该摘要题为《切尔诺贝利的后果：健康、环境、及社会经济影响》。这篇摘要根据 3 册 600 页的报告，凝聚了几百名科学家、经济学家和卫生专家的研究心血，对历史上最大的核事故 20 年来的影响进行了评估。切尔诺贝利论坛由联合国 8 个专门机构和白俄罗斯、俄罗斯及乌克兰政府组成，专门机构包括：国际原子能机构（IAEA）、世界卫生组织（WHO）、联合国开发计划署（UNDP）、粮农组织（FAO）、联合国环境计划署（UNEP）、联合国原子辐射效应科学委员会（UNSCEAR）和世界银行。

身为辐射效应权威的切尔诺贝利论坛主席 Burton Bennett 博士解释说：“这次最新的研究成果能帮助解决一些突出问题，比如切尔诺贝利事故究竟造成了多少人死亡，引发了多少疾病，以及造成了怎样的经济影响。”“受到严重影响的三个国家的政府已经意识到有必要弄清前进的方向，要取得进步就必须在环境、卫生、经济影响问题上达成共识，并且获得国际社会的支持和听取有益的建议。

Bennett还说道："这是一起非常严重的事故，带来了重大的健康影响。事故初期上千名暴露在高辐射剂量的工作人员所受健康损害尤为严重，还有几千人患上了甲状腺癌症。但是，总体而言，事故并没有对附近地区人们的身体健康造成严重的负面影响，我们也没有发现污染大范围扩散，因为这会持续严重威胁人类健康。当然限制地区的情况有所不同。"

此报告的目的在于帮助受影响国家了解事故后果真正的规模，同时向白俄罗斯、乌克兰及俄罗斯政府提供对此事故引起的重大经济和社会问题的解决方案。

15　美国圣符仑堡高温气冷堆核电厂事件

15.1　背　景

圣符仑堡核电厂是美国科罗拉多州第一个也是唯一的核电厂。见图 73。

图 73　美国圣符仑堡高温气冷堆核电厂

圣符仑堡高温气冷堆核电厂于 1965 年 3 月立项，1966 年 10 月向原子能委员会提出申请。1968 年 9 月开始建设[55]。

高温气冷堆设计被认为比典型的沸水设计更安全，因此省略了典型的钢筋预应力混凝土遏制穹顶结构，有利于钢框架遏制结构，而反应堆芯部分包含在预应力混凝土反应堆压力容器中。建设成本达到 2 亿美元，约合 0.60 美元/瓦。1972 年开始初始试验，1979 年 7 月开始商业发电。1979 年至 1989 年运行[56]。

美国圣符仑堡高温气冷堆核电厂在 1981 年 11 月 6 日达到了满功率。随后停堆进行例行维修和修改氦循环风机的减震系统。这段时间全部系统和部件的运行实绩达到或接近设计水平。总之，这次试运行证实，这座高温气冷堆核电厂从此以后能够继续满功率运行[57]。

反应堆主冷却剂是氦气，其将热量传递到水为介质的二次冷却剂系统，以驱动蒸汽发生器。反应堆燃料是分散在棱柱石墨基质中的裂变铀和可增值钍组合的球燃料。反应堆的电输出功率为 330 兆瓦，热功率为 842 兆瓦。

圣符仑堡反应堆有下列独有的特点：1）整个一回路冷却系统安装在预应力混凝土反应堆压力容器内；2）堆芯的六角形石墨块燃料元件和反射层都是陶瓷体；3）一次通过蒸汽

发生器产生压力为2450磅/英寸²、温度为1000华氏度的蒸汽；4）轴流氦循环风机。见图74、图75和图76。

图74　圣符仑堡核电厂的换料大厅

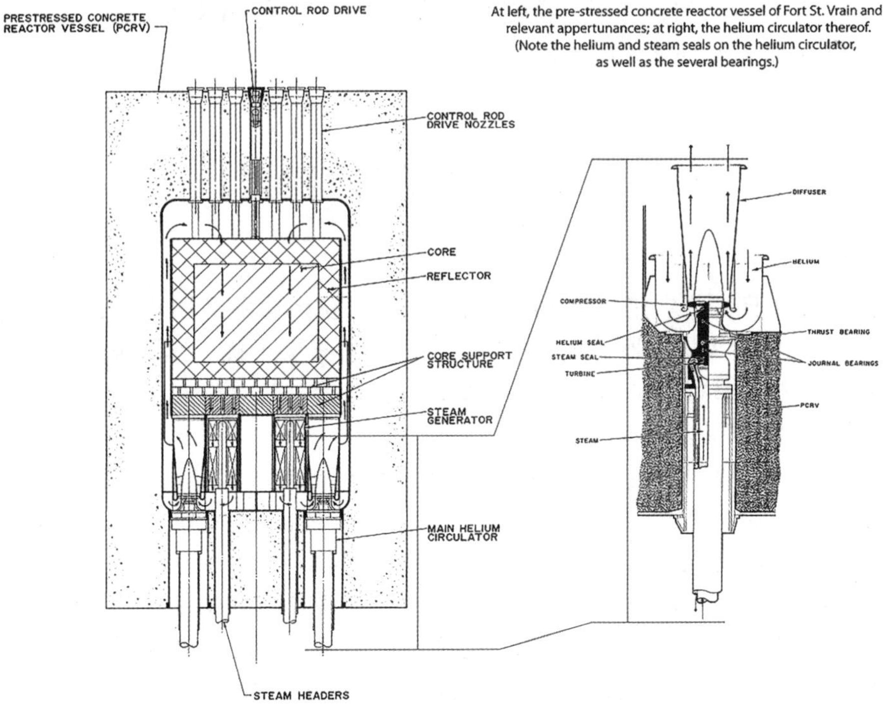

图75　预应混凝土反应堆压力容器（左）和氦气循环泵（右）示意图

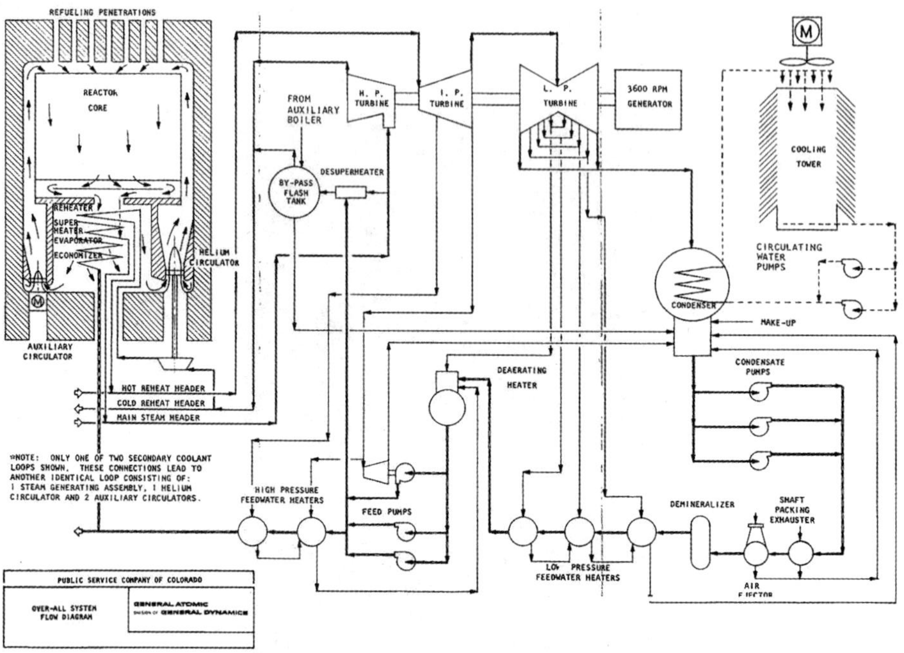

图 76　核电厂运行示意图

1987 年 10 月 3 日，圣符仑堡核电厂汽轮机厂房发生一起火灾后，美国科罗拉多公用事业公司不得不对其进行修复[58]。

该厂在技术上是成功的，其概念验证了几项先进技术。但相应地发现了一些代价昂贵的议题，对其所有者而言是商业上的失望。

15.2　事故进程

1987 年 10 月 2 日，该厂在长时间停堆之后，处于初始功率提升过程中。

位于控制室内的火灾探测器的声音报警器因为太多报警干扰工作而被关闭。

23 时 50 分，控制室操作员注意到一个液压阀启动后，其对应的液压油系统的压力没有恢复到正常的 3000 psi 压力。

23 : 51，派遣一名汽轮机设备操作员去确定油压下降的原因。

23 : 55，汽轮机设备操作人员报告说，发现油泄漏，流入汽轮机下方的集水槽中。地点位于汽轮机厂房的第 5 层。油来自第 6 层的液压油系统的一个过滤法兰的故障。高压油从法兰中喷出大约 15 英尺远，喷到直径 20 英寸的再热管道和 2 个相关的再热止回阀上。

23 : 59，汽轮机设备操作人员报告出现起火。由于热表面的温度高于油的自燃点，碳基的液压油被点燃起火。发现火灾的设备操作员最初成功地用便携式干粉灭火器灭火。但由于他没有关闭连接故障过滤器的阀门，油继续喷出并重新起火。在这时，起火规模已相对较大(估计为 8 英尺×3 英尺)。

立即召集启动电厂消防队。

00 : 00，反应堆操作员被派往反应堆厂房关闭液压系统的两个控制阀，以切断向故障过滤器供油。该操作员设法关闭了两个阀门中的一个。另一个阀门的手柄丢失了，因此切断油供应有一些延迟，最终在 00 : 13 完成。

油被切断后，火势将会逐渐熄灭，操作人员设法关闭并隔离故障的过滤器，并启动可用的一列液压系统。

00 : 03，联系外部消防队寻求支援。

00 : 05，消防队到达现场，使用水龙带从不同角度灭火。

00 : 08，1 号回路循环器关闭。

00 : 09，由于主冷却和辅助冷却流量显示均有损失，操作人员手动停机。

00 : 10，控制室内通风手动切换到吹扫模式，以清除进入房间的轻烟。

火灾对控制室的可居留性有一定的影响。燃油和电缆显然大量产生烟雾，明显影响了初始的消防工作。火灾损坏的电缆导致控制室通风系统转为应急模式。此外，电缆损坏导致火灾位置的丧失电力供应，使得马达驱动的排烟器无法起作用。在这种模式下，系统反而转为从汽轮机厂房的抽气。因此一些烟雾进入控制室。运行人员在两分钟内将通风系统转为吹扫模式。然而，由于控制室和汽轮机厂房之间的门被频繁开关，房间的正压力无法维持，所以烟气继续进入控制室。操作人员必须打开分隔控制室和 10 号厂房的门，以便将新鲜空气吸入控制室。控制室配备了一个可呼吸空气系统，可通过公用空气供应头连接操作员的个人面罩提供新鲜空气。虽然该系统是为 6 个面罩设计的，但事故中却只有 3 个可用，而控制室里有 6 名操作员。Scott 型空气供应包是可用的，其可弥补面罩的不足。

00 : 12，操作人员操作补给泵进入“B”运行状态（电机驱动）。

00 : 15，火已被熄灭，但在汽轮机厂房里仍然有浓烟。

这场火灾造成的损害局限于汽轮机厂房北端附近。部分电缆损坏，从而对控制室有一定的影响。阀门、仪器和结构件受火灾影响。然而，对反应堆停堆和冷却能力影响较小。电力公司准备在修复损坏的电缆和管道后再起动该机组。损害区域见图 77。

在火灾中，燃烧的电缆使氦循环回路自动断跳，圣符仑堡核电厂失去 24 分钟的氦循环。这是对主系统的唯一影响。电力公司说，在最坏的工况下，电厂能在 90 分钟内恢复循环，而实际火灾后，需要花费较长时间才能恢复氦循环。

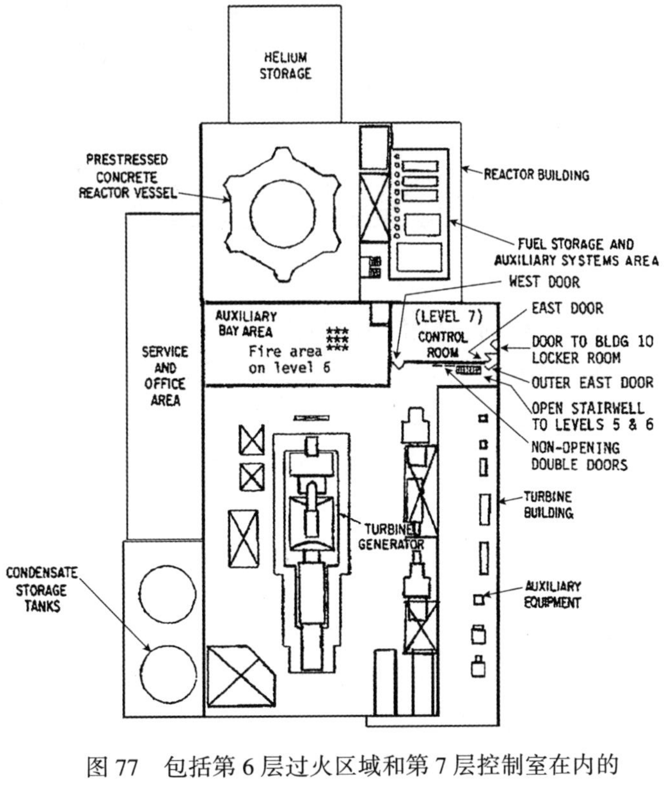

图 77　包括第 6 层过火区域和第 7 层控制室在内的反应堆厂房和汽轮机厂房视图

16 立陶宛伊格纳利纳核电厂事故

16.1 背 景

伊格纳利纳核电厂是立陶宛维萨基纳斯一个已经关闭的双机组 RBMK-1500 核电厂，靠近白俄罗斯国界。位置示意见图 78。核电厂起名自附近的伊格纳利纳镇。

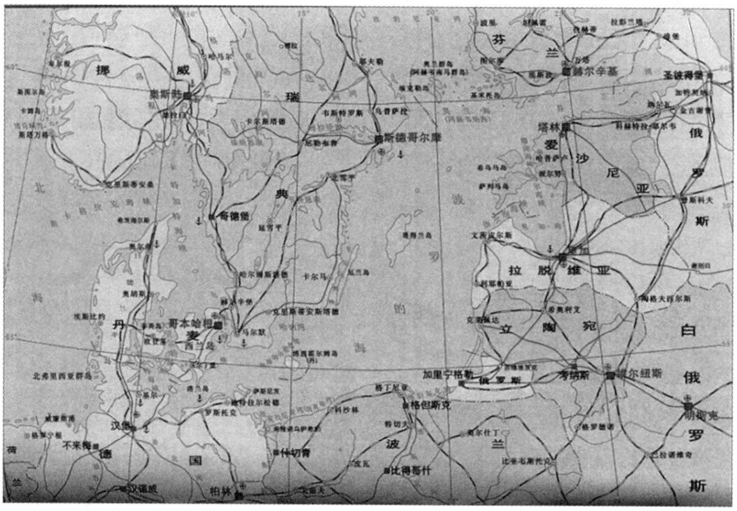

图 78 立陶宛地理位置

发生火灾时，伊格纳利纳核电厂属于苏联。每个机组功率分别为 3950 兆瓦、约 1250 兆瓦，两台汽轮发电机其中一台为 550 兆瓦，另一台为 700 兆瓦。该核电厂建设始于 1974 年。1 号机组在 1983 年 10 月或 12 月开始首次运行。发生火灾的 2 号机组在 1986 年 12 月开始首次启动。2 个机组分别于 1985 年 5 月和 1987 年 12 月投入商运，计划中的第 3 个机组被取消[59]。

立陶宛大部分的电力由伊格纳利纳核电厂供应，核电厂关闭后将对该国及邻国的电力供应产生很大影响[60]。

由于核电厂的反应堆设计和发生严重事故的切尔诺贝利核电厂相似（见图 79），没有反应堆安全壳。2019 年国际电视连续剧《切尔诺贝利》在此电厂拍摄外景。经过长期谈判，立陶宛政府同意关闭此核电厂，作为加入欧盟的条件之一[61]。1 号机组部分于 2004 年 12 月关闭，剩余部分占立陶宛约 25%的发电能力，并提供立陶宛用电需求的 70%。2 号机组于 2009 年 12 月 31 日关闭。2009 年之前立陶宛是电力出口国，但 2010 年之后立陶宛是电力进口国。事实上立陶宛是全欧洲最倚赖电力进口的国家。核电厂关闭后，立陶宛使用石化燃料补部分能源缺口。原 RBMK 反应堆关闭后，由立陶宛、爱沙尼亚、拉脱维亚及波兰计划合组公司，在附近兴建功率达 3400 兆瓦的新核电厂，名为维萨基纳斯核电厂，预定 2018 年至 2020 年可完工商业运行，但该项目被立陶宛全民公决否决。

图 79　立陶宛伊格纳利纳核电厂

RBMK 反应堆使用石墨作为慢化剂，使用沸水冷却堆芯，产生的蒸汽引至汽轮发电机之前在蒸汽鼓或蒸汽分离器中干燥。堆芯冷却系统由两部分组成：左侧和右侧。堆芯的这两部分并不完全独立，它们之间有一些相互作用，还包括冷却功能。堆芯的每一侧都设置独立的堆芯冷却回路，每个回路都有自己的蒸汽鼓和主冷却剂泵（每侧 4 个）。来自冷凝器的给水被泵入蒸汽鼓中，该蒸汽鼓也用作主冷却剂泵的水源。

RBMK 反应堆的堆芯包括专用的反应堆保护棒，这些保护棒在专用的十字形通道内移动，与进入堆芯的其余系统隔离。2 号机组有 12 个这样的棒。通道由单独的水冷系统冷却。在下面讨论中提到的泵 CP-21 和 CP-22 属于这些通道的冷却系统。

发生火灾的 209 室是 2 号机组中的电缆分布室，位于主控制室和计算机室下方高度为 5.9 米的平台。该房间设置了电离型烟雾探测器和水基固定抑制系统。发生火灾时，在伊格纳利纳州的电缆上未使用耐火涂层，但此后一直在使用。

16.2　事故进程

1988 年 9 月 5 日，伊格纳利纳 2 号机组处于 100%满功率运行。

00:52:39，主控制室收到 209 号室火灾警报。确切的起火原因最终也未确定。但是，怀疑起火是在电缆桥架堆中最低处的一根 220 VAC 电缆引发的，因为没有发现明显外部火源。最低的托盘中装有 31 条电缆，其中至少包括一根 220 VDC 电缆。怀疑起火是由于其中一根电缆短路过热引起的。假定的引起短路的根本原因是在工厂建设期间对电缆的损伤以及此后电缆的缓慢劣化。电缆可能由于热循环、热过载、不适当的机械张力或振动而劣化。还认为电路保护装置设计不足会导致电缆过热，从而引起着火的可能性。

209 室的自动灭火系统在警报的短时间内启动（洒水系统或雨淋系统）。消防队被呼叫来，工厂工作人员试图检查房间，但由于浓烟而无法进入。在接到通知的 3 分钟内，消防队携带 5 台消防泵和除烟装置赶到现场。

在发生火灾的过程中，丧失了堆芯冷却的几台泵及各种电厂有关仪表系统，从而影响了堆芯左侧。尽管造成了损失，但操作员还是设法提供给水流向受影响的汽鼓，并促进了通过堆芯的冷却剂建立自然循环。与堆芯右侧相关的所有系统在整个火灾过程中均保持正常运行。营运单位采取了一些预防措施，以确保反应堆两侧不会发生不利的相互作用。

电缆故障导致许多电力系统故障。仪表和控制电缆故障导致正常和基本（非安全）6 千伏母线的电源断路器断开。电缆损坏还阻止了 6 个柴油发电机中的两个正确连接这些母线，导致左侧反应堆保护冷却剂泵无法使用。后来，其中一台柴油发电机启动并正确连接到这些母线之一，一台反应堆保护冷却剂泵启动。在第一次火灾警报发生约 40 分钟后，恢复了对受影响母线的供电，并且当时操作员设法恢复了对反应堆及其冷却功能的正常控制。

火灾还造成了反应堆堆芯监测仪器系统的部分损失。12 个反应堆保护通道中有 4 个的指示丧失了。在发生火灾警报后约 10 分钟，操作员给控制杆驱动装置断电，以防止控制杆异常动作。

消防员试图进入 209 室直接扑灭火焰，但由于浓烟被迫撤退。事故发生约 22 分钟后，除烟装置启动。消防员设法在火灾警报大约 16 分钟或 38 分钟后进入 209 房间。他们发现自动灭火系统将火完全扑灭了。大火损坏了 646 条电缆，长度约 5 米。其中，有 506 根电缆与控制和仪表电路关联，有 106 根与配电系统关联。还发现火势损坏了最上方电缆桥架中的电缆。

显然，由 209 室火灾引起的电缆故障也导致了后备控制室的故障。后备控制室是主控制室的后备，它包含一个控制面板，可以复制主控制室中可用的大量与安全相关的控制和仪表。例如，在第一次火灾警报后约 40 分钟，左侧蒸汽鼓的液位控制信号从后备控制室恢复。由于此时已经建立了给水流量，但是液位控制显然没有起作用（因为发现液位超过了可测量的范围）。

大火扑灭后，8 号柴油发电机发生漏油而不得不退出。其中一根母线的电力供应再次丧失，从而导致一台反应堆保护冷却泵的损失。这些故障是由与火灾无关的原因引起的。

16.3　事件分析

伊格纳利纳 2 号机组发生的火灾可以看作是电缆散布房间相对平缓的火灾的典型案例，它会自行点燃，传播到相邻电缆，在很短的时间内就被发现，并通过按设计的自动灭火系统将其扑灭。火被限制在起源分区内，并且损坏显然仅限于一些电缆桥架，受火灾影响的电缆仅属于有限数量的系统和组件。在此事件中，堆芯冷却和反应堆监控从未完全消失。尽管有可用的组件和系统，但在此事件中遇到的一系列电缆故障使得难以适当控制左侧的反应堆堆芯参数和堆芯冷却。在消防分析中通常会假定这种情况。

需要关注的是，尽管灭火系统按设计运行，甚至开展了灭火（典型的自动灭火系统的设计基础是控制火灾，但不一定完全灭火），但仍造成了广泛的破坏。此外，灭火系统启动后，还有更多的设备损失。此事件表明，在火灾分析中假设固定抑制系统的启动将阻止发生进一步的损害，这可能是不合适的。但是，必须补充一点，为反驳上述假设而对该事件进行直接推断可能为时过早。伊格纳利纳所用电缆的特性可能会影响火势蔓延，尽管灭火系统已启动。对苏联设计核电厂使用的电缆未开展深入调查和研究。

此事件还表明，可能会发生自燃电缆着火。此外，在相对低电压的电路（在这种情况下为220 VAC）中可能会发生此类火灾。火灾分析通过对相关火灾事件的统计分析来处理着火的可能性。对于自燃式电缆火灾，美国核电厂的火灾经历仅包含一些小事故。对于电缆被证明具有低火焰蔓延性（根据IEEE 383）的情况，通常以极低的概率消除自燃电缆着火。鉴于美国和苏联核电厂之间电缆特性和电路设计特性之间可能存在差异，因此该事件既不支持也不反对火灾分析的这一方面。

还要注意到，在这种情况下，操作员从主控室和后备控制室都采取了行动。从可用资源中提供的信息可以推断，发生火灾时，伊格纳利纳的主要控制室和后备控制室并不是完全独立的。

17 美国奥科尼核电厂事故

17.1 背 景

奥科尼核电厂建设始于 1967 年，第一台机组于 1973 年 7 月开始投入商业运行，随后其余两台机组于 1974 年投入运行，可为约 190 万户家庭供电。

该核电厂位于南卡罗来纳州塞内卡的 Lake Keowee 湖畔（Keowee 湖为人工筑坝形成的人工湖，面积约 74.35 平方公里，水面平均海拔为 240 米，平均水深 16 米），属于典型的内陆核电。日本福岛核事故后，有美国专家宣称奥科尼核电厂应充分考虑大坝失效后带来的洪水风险[62]。见图 80。

奥科尼核电厂是南卡罗来纳州 4 座内陆核电厂之一。该核电厂有 3 座巴威公司压水堆核电机组，拥有美国的多项核电记录：1 号机组投产时单机容量位居全美第一；是全美第 2 座获批延寿的核电厂；是全美第一座完成全数字化控制系统改造的核电厂（2011 年夏天改造完毕）。该核电厂是美国杜克能源公司下属 7 座核电厂之一，也是杜克能源 3 座自己投资兴建的核电厂之一。当前正在考虑第二次延寿[63]。见图 81。

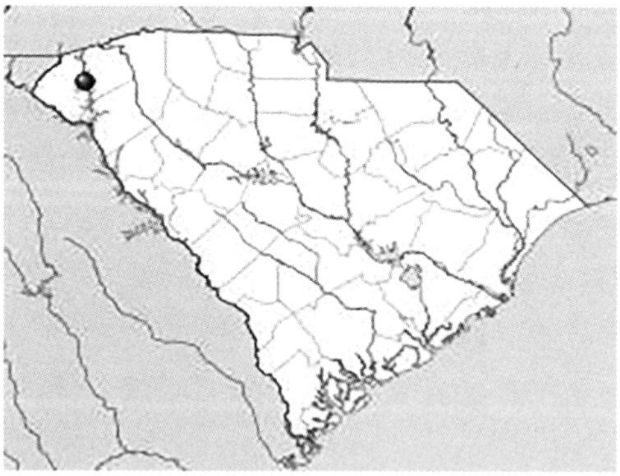

图 80　奥科尼核电厂厂址位置

图 81　奥科尼核电厂鸟瞰图

17.2 设计特性

奥科尼核电厂 3 个机组都是相同的巴威公司设计的 860 千兆瓦压水堆。

每个反应堆都有 4 个冷却剂泵。在 1 号机组，其中两个泵由 6.9 千伏辅助电源系统开关柜 1TA 供电，另外两个由另一个辅助电源系统开关柜 1TB 供电。以下设计/控制功能在火势控制中发挥了作用。

根据技术规范，反应堆的冷却时间应小于 50 ℉/30 分钟。通过控制稳压器的喷雾器和加热器来维持主冷却剂回路压力。普通的稳压器喷雾是从主冷却剂回路的冷段之一注入的。如果无法通过稳压器控制压力，则操作员可以使用以下三种方法之一：

（1）稳压器的电动溢流阀可用于将主冷却剂释放到冷凝槽中。

（2）高压注入系统的可以作为稳压器辅助喷雾。

（3）通过节流打开涡轮旁通阀，可以将蒸汽发生器产生的蒸汽排到主冷凝器中。

对于正常运行的工厂，由集成控制系统控制，其功能之一是在失去所有反应堆冷却剂泵并提供主要给水功能后自动将从主要给水喷嘴到辅助喷嘴的给水流量交换，并将蒸汽发生器的液位提高到 50%。这些动作有助于在主冷却剂回路中建立自然对流循环。

17.3　事故进程

1989 年 1 月 3 日，1 号机组在经历了几天前的停堆后正在升功率。

在 19:16 达到 26%的功率时，6.9 千伏开关柜（1TA）爆炸失效并着火。此事件的确切原因在之后的调查中无法确定。由于开关设备故障，主汽轮机和两个反应堆冷却剂泵跳闸，引发反应堆状态瞬变。

操作人员立即开始降低反应堆功率。事故开始时反应堆的平均温度为 575 ℉。最初，堆芯冷却是由两个运行中的反应堆冷却剂泵维持的，主给水流经蒸汽发生器。

操作员启动了两个高压注入泵，以补偿主冷却剂环路中由于降功率冷却带来的水的收缩。当功率下降到 4%时，操作员操作反应堆跳堆。

同时，在控制室收到火警警报。随后召唤消防队救火。后来，下班了的值班人员被派去协助灭火。消防员最初使用二氧化碳和干粉灭火器灭火，两次尝试未能扑灭大火。控制室操作员为直流电源总线断电，以便将受影响的 1TA 开关设备与所有电源隔离。然后决定使用喷雾系统去灭火。为了进一步保护消防员，位于 1TA 附近的另一列 6.9 千伏非安全开关柜（即 1TB）也被断电。

使用水雾灭火后，20:15，在开关柜发生故障后约 1 小时，火被完全扑灭。

1TB 跳闸（以保护消防员）导致其余的反应堆冷却剂泵也跳闸了。集成控制系统的设计目的就是，在这种条件下将蒸汽发生器中的水位提高到 50%，并将给水喷嘴从主喷嘴切换到辅助喷嘴。由于信号电缆在火中损坏，集成控制系统发生故障，操作员不得不手动执行这两项操作。但是，在操作过程中，操作员忘记关闭主给水阀。这进一步加快了已经在进行的快速冷却过程。此外，由于操作员专注于堆芯热电偶读数以监测反应堆堆芯温度，因此他们没有适当地监测主冷却剂回路不同测点的冷却速率。

大约一小时，冷腿温度降至 426 ℉。安全工程师和值长确定，反应堆各部分温度下降速度可能快于 100 ℉/每小时，这意味着它们可能已进入热冲击运行区域（过冷）。

由于操作员已启动高压安注系统，因此反应堆压力在短时间内达到 2355 psig。后来，压力短时间也达到了 2385 psig。随后，操作员停止了高压安注泵，以控制一回路的高压状态。则这两个压力峰值与在热冲击区域中运行的可能性相结合。如果情况持续较长时间，可能会影响主压力容器的完整性。

在事件的某个时刻，烟雾扩散进入了主控制室。现有信息来源中没有描述烟雾的程度和烟雾进入控制室的路径。

17.4 事件分析

从此事件中获得的最重要见解是，与安全无关的区域发生火灾，也对反应堆安全构成潜在挑战。

火灾发生在未与任何安全相关的电缆或设备共置的非安全开关柜中。在火灾分析中，这种火灾场景通常被认为是微不足道的风险，由于对安全关闭设备没有任何威胁，因此可能已从详细分析中筛选出去。

此事件的重要性还在于操作员在控制室采取的行动，造成过冷瞬变，有可能引起热冲击。尚不清楚操作员的失误（即未能关闭主给水阀）是否受到火灾本身的影响。但是，由于集成控制系统失效，火灾位置位于操作员必须采取其他手动控制措施的位置，而正是在他们采取这些措施时才发生错误。有些参考文献还指出，一些烟雾确实进入控制室，并暗示其至少部分是犯错原因。现有信息中没有很好地描述事件的烟雾如何进入，因此无法确定对控制室可居住性是否受到影响。

在火灾分析中，操作员错误是显式建模的。存在尝试对复杂事件集对人为错误概率的影响进行建模的方法。在火灾分析中，普遍认为控制室外部发生火灾不会影响操作员在控制室内进行的动作。在这种情况下，可能有这样的影响，尽管尚无定论。在典型的火灾分析中，通常不会将发生火灾事件期间所经历的事件序列（即电厂非安全区域中的火灾导致操作员错误交互复杂事件序列）识别为具有重大风险的场景。

在此事件中，最重大的运行影响是过冷瞬态和反应堆高压。在某些内部事件分析中已解决了主压力容器发生热冲击的可能性。火灾分析通常使用与内部事件分析中使用的事件序列相同的事件序列。但是，通常在内部事件分析中，分析人员根据给定事件序列的可能性来简化假设。在着火情况下，给定事件序列的可能性可能比内部事件分析中计算的可能性大得多。但是，如果在内部事件过程中消除了事件链，则火灾分析可能不会将该事件序列识别为潜在风险场景。火灾与内部事件的不同之处在于，火灾可能同时影响多个物品，尤其是电缆。在内部事件分析中，由于不相关的随机因素，同一设备将发生故障。涉及多个随机故障的序列很快变得概率微不足道。在此事件中，火灾损坏导致 4 个反应堆冷却剂泵中的两个跳闸，集成控制系统的故障，在不确定的范围内影响了控制室操作员。

该事件还表明，即使快速发现，灭火也可能是一个漫长的过程，灭火剂的使用并不一定立即灭火。在本次事故中，两次最初的扑灭尝试均无效，大火最终燃烧了一个多小时。在许多当前的火灾中，分析火灾持续的时间主要基于消防队的响应时间。这种方法可能无法正确表示可能发生的事件序列。早期的分析方法通常根据历史经验使用通用的火灾持续时间概率曲线。这些曲线将固有地捕获这种类型的行为，但不适合核电厂特定的调整。

另外，为了方便灭火和保护消防员免受电气危害，有意将相邻的开关柜（1TB）断电。由于 1TA 的失火和 1TB 断电，系统的两个相对系列（尽管是非安全系列）被停用。这表明在火灾中，除了直接火灾损坏之外，其他原因可能会丢失设备。也就是说，为支持消防而采取的行动也可能导致故意隔离多余的母线，这可能会带来意想不到的后果。这种情况的一个并行示例是所谓的自感应电厂停电（SISBO）。SISBO 程序指示操作员有意隔离尚未出现故障的设备。这样做是为了隔离电缆着火的不利影响。当前的火灾分析方法包括对消防队应采取的行动进行分析的规定，并且名义上能够处理此类行动。但是，除了 SISBO 类型的方案以外，很少识别或考虑采取诸如手动隔离未受影响列车的措施。

此事件的最后一个方面是初始电气故障的爆炸性。已经观察到某些电气故障将表现为电能/热能的高能释放。在这种情况下，一台 6.9 千伏开关柜发生故障，爆炸性释放的能量足以在核电厂其他区域听到。这不是火灾分析中建模的典型火灾。典型的火灾分析会着火，并在初始材料包裹内燃烧，然后暴露并可能扩散到相邻的可燃物。在这种情况下，最初的起火和生火行为基本上被绕开了。没有确切的迹象表明最初的火势有多大。但火势确实蔓延开来，并损坏了最初涉及的面板外部的电缆。

18 美国希伦哈里斯核电厂事故

18.1 背 景

希伦哈里斯是位于西卡罗来纳州 New Hill 的 900 千兆瓦的西屋设计的压水堆。该核电厂于 1987 年 5 月开始商业运营。2001 年，美国核管会（NRC）应卡罗来纳动力照明公司（CPLC）的要求，批准希伦哈里斯核电厂将以前未使用的 2 座乏燃料贮存水池投入使用[66]。2012 年，NRC 于 2012 年 5 月 30 日批准了 Progress Energy 公司将希伦哈里斯核电机组功率提升 1.66%的申请[67]。见图 82。

图 82　希伦哈里斯核电厂

18.2 事故进程

1989 年 10 月 9 日，该核电厂满负荷运转。

23:05，汽轮发电机和主电源变压器差动继电器跳闸，并引发了一系列事件，导致 3 个地点发生火灾，涉及一个主变压器和主发电机。由于继电器跳闸，主发电机输出断路器也跳闸了，进而导致涡轮跳闸和反应堆停堆。辅助给水系统按设计启动。但是涡轮驱动泵无法正常运行，从而使用了电动辅助给水泵。操作员关闭了主蒸汽隔离阀，以限制冷却速度。

该事件的最初原因是主电源变压器 B 附近的母线槽中发生了多个接地故障。研究指出，接地故障的原因被认为是由用于冷却母线槽的强制通风系统将铝屑带入管道，怀疑碎屑进入通风系统，进而导致两次闸阀故障，一次是在 1988 年 2 月 27 日发生的，另一次是在 1989 年夏天。接地故障引起了 50 英尺长的母线上出现电弧，电弧降低了空气的绝缘强度。根据系统的设计，空气进入了变压器的套管。这在套管盒中引起接地故障，从而导致低压套管破裂，套管裂纹继而导致漏油和在变压器处起火（第一次起火）。

主变压器套管和 A 母线槽中的故障导致发电机中性点的电压升高。电流互感器安装在中性导体周围，并通过绝缘胶带与中性导体隔离。绝缘带的绝缘电阻显然不足以承受升高的中性线电压，并且发生电击穿，导致中性线接地短路。发电机相关管道中引起的电弧，继而使发电机氢气逸出并着火（第二次着火）。

随后点燃主发电机外壳中位于氢气火灾上方的机油（第三次火）。

23 : 09，控制室接到通知说主电源变压器 B 起火，主发电机下方汽轮机平台第二层发生油火。现场消防队立即启动。消防员还注意到主发电机下方汽轮机平台第二层发生氢气燃烧。主变压器上的喷水系统已按设计启动。

事故发生后不久，还与场外消防部门联系，以协助消防工作。后来，认为迅速通知外部消防部门限制了火灾造成的损失。

如上所述，辅助给水系统响应火灾自动启动。但是，涡轮驱动的辅助给水泵启动后不久就跳闸了。跳闸的原因后来被确定为是转速表的虚假超速跳闸信号。辅助给水泵的故障与火灾之间没有联系，这似乎是一个独立的（随机）故障事件。

23 : 35，宣布发出警报，并启动了技术支持中心。

10 月 10 日 00 : 13，发电机外壳处的油火被扑灭。另外，主电源变压器起火被认为是喷水系统控制住的。发电机下方的氢气燃烧也被认为是在控制之下。

01 : 45，使用便携式干式化学灭火器扑灭了主变压器上的少量残留油火。到这时，所有 3 场大火都被扑灭了。

02 : 45（事件发生后 2 小时 40 分钟），完成了巡检，以确认所有 3 场大火已被扑灭。在火灾现场张贴了防火告示，并且用二氧化碳吹扫了主发电机。

18.3 事件分析

该事件的火灾持续时间较长，总计约 1 小时 45 分钟，从传统的防火角度来看，火灾较为严重。但是，从核安全角度来看，大火的总体影响相对较小。该核电厂已自动跳闸，辅助给水泵出现故障，显然是随机故障。但是，操作员对此情况做出了适当的反应，并适当地控制电厂停运，包括对冷却速率的适当控制。该事件再次表明，从核安全保护的角度来看，并非所有严重的火灾都是从核安全角度来看都是严重的。这与当前火灾分析研究的结果完全一致。

该事件表明，核电厂不同区域可能同时发生多起火灾，这在美国也是出现多次。从其他此类事件中可以看出，相关连接之一是公共电气系统。但是，二次氢气起火显然是由于发电机中性电缆上的电流传感器发生故障而造成的损坏，因此存在多个影响因素，而不仅仅是造成过载的常见电气系统。当前火灾分析中未解决并发的多次火灾。如果可以确定单个并发火灾的位置和特征，则至少在理论上，当前的火灾分析方法可以预测多次起火的潜在影响。但是，目前尚无依据来确定多次火灾事件的发生频率或特征。

19　西班牙范德洛斯火灾事故

19.1　背　景

范德洛斯核电厂位于西班牙东海岸的塔拉戈纳省，距著名的旅游城市巴塞罗那的直线距离为100公里（图83）。

该核电厂1号机组采用法国提供的镁克诺斯型气冷堆，气体冷却，天然铀燃料及石墨慢化。它使用混凝土压力容器，以二氧化碳作为主要冷却剂。每个机组有两台汽轮发电机，每台额定功率为250兆瓦。有4个蒸汽驱动涡轮鼓风机用于初级回路冷却剂（即CO_2）再循环。关机后，一台鼓风机即可提供足够的冷却。热功率1750兆瓦，净电功率为480兆瓦，1972年7月并网发电投入商业运行。自投产以来，一直保持良好的运行记录，负荷因子曾达到73.2%（图84）。

图83　西班牙核电厂分布图（来源WNA）

图84　范德洛斯核电厂

范德洛斯1号机组是西班牙第一代核电机组的一部分，由西班牙-法国合资公司HIFRENSA拥有。而范德洛斯2号机组是西屋设计的三环路压水堆，于1988年投入商运。

1989年10月，范德洛斯1号核电机组发生失火事件，可以认为是迄今为止西班牙核电厂所发生的最严重事件。专家们认为，该事故是一场超出原定设计基准的，是自切尔诺贝利核事故以来欧洲最危险的一次反应堆事故[68]。事故后，经过慎重决策，西班牙政府已决定永久关闭 18 年堆龄的范德洛斯 1 号核电机组。

19.2 事故进程

1989 年 10 月 19 日 21 时，核电厂以降功率水平运行，运行功率为 400 兆瓦。1 号汽轮发电机为 190 千兆瓦，2 号为 210 千兆瓦。

事故发生前，反应堆厂房和汽轮机厂房之间的门没有按要求关闭。

21 时 39 分，该电厂第二台汽轮发电机组起火[69]。

起火原因是第 2 台汽轮机震动使支撑其的轴承破损，破损致使润滑油流失，并使联接在汽轮机上的发电机出现破口。用于冷却发电机的氢气从这些破口泄漏。氢与空气中的氧接触，引起燃烧，并使漏出的油着火。然后火势蔓延到输电线。火势无控制地蔓延，从高压汽轮机房和发电机的通风口可看到火焰。

由于叶片故障引起的巨大噪声以及所报告的氢气爆燃，控制室几乎立即注意到这一事件，操作员可以通过从俯视汽轮机厂房的控制室的窗户观察现场情况。

两台汽轮发电机组立即脱扣，接着操作员在控制室手动将反应堆关闭。

火势蔓延到位于汽轮机下面的动力生产间，使核电厂的若干系统受到影响。

21 时 40 分，在叶片故障一分钟之后，呼叫外部消防队支援。

火灾烧坏了一回路两个 CO_2 泵，另两个也很危险，驱动二回路的两个泵曾瞬间停转。

事故发生时，“核电厂反应堆控制室一片混乱，技术人员乱喊乱叫，纷纷逃跑”。

21 时 54 分，通知 14 分钟后，外部消防队抵达。

消防队在没有一个核电厂专业人员的领导和缺乏专门消防设备的情况下，仓促上阵。第一辆赶到核电厂的救火车是一辆森林灭火车。消防队指挥员下令“喷水”，因为无人告诉他们，火灾是由于“油和电缆燃烧引起的”。之后向起火厂房喷射泡沫也失败了，因为灭火剂通过地下道时都流走了。最后消防员在没有任何防护服的情况下，直接在火源地扑灭熊熊大火。直至天亮，反应堆堆芯温度才降下来。

核电厂和附近市镇的消防队参加了灭火。在当地救火队的支援下，火势于 10 月 20 日 1 点 30 分得到控制，当天 4 点才将火扑灭。

19.3 事故监管应对

西班牙核安全委员会（CSN）在切尔诺贝利核事故前就对范德洛斯核电厂 1 号机组提出许多改进措施，其中包括加强防火措施，增加一个尽可能独立于其他系统的 CO_2 鼓风机。然而，尽管核电厂发生一系列故障，但营运单位一直不理睬 CSN 的建议。

10 月 19 日 22 时 11 分，营运单位向 CSN 报告了范德洛斯核电厂的失火事件。CSN 立即启动了它的应急组织，其目的在于：

（1）与核电厂方面和 CSN 驻厂监督员保持持续联系，密切跟踪事态情况；

（2）协助核电厂控制事态；

（3）按照特勒戈那省的应急计划和国家应急计划，向当地、省和国家的有关当局提供技术支援；

（4）按西班牙签署的有关协议的规定，通报国际和国内有关组织。

根据省应急计划，CSN 和特勒戈那省政府宣告处于预应急状态，这是因为根据从核电厂得到的信息可以得出不存在放射性泄漏的危险的结论。

事故期间，CSN 持续不中断地与核电厂保持联系，派遣了一个由消防、核安全系统、仪气和控制方面专家以及范德洛斯核电厂设计部门领导组成的专家组，并继续使 CSN 的应急组织处于启动状态，直到替代冷却系统的运行得到保障。

19.4　后续影响

爆炸声使得 Almadra 的 Bungalow 区居民跑到大街上。他们在那里看到 500 米远处核电厂的火舌冲向云霄。当首批救火车迅速赶来时，出事地点升起黑色云雾。当地居民埋怨当局没有及早通报，附近的村民示威抗议，并要求永久性关闭这座核电厂。

紧急状态一直持续到 10 月 22 日。

据该核电厂营运者说，这次着火事故没有造成人员伤亡或放射性释放。

一周后的 10 月 26 日，该核电厂辅助变压器冒烟造成短路，尽管未造成进一步后果，但使居民又一次受到惊吓。

19.5　事故后果

这起着火事故导致巨大的损失。损失情况如下：

（1）第 2 台汽轮发电机及其辅助设备被毁坏；

（2）冷凝器冷却回路在爆炸中失效，海水淹没了装有一回路泵的地下室。动用了备用冷却回路；

（3）4 个 CO_2 鼓风机中的 2 个因电缆受到影响而失效。用 1 和 2 号鼓风机（它们有各自的电源）进行堆芯冷却（使用单个 CO_2 鼓风机也足够导出堆芯的余热）。

反应堆冷却系统处于迫在眉睫的危险，只差一点电厂就可能发生超设计基准的最大假想事故，即反应堆堆芯铀燃料棒熔化的严重核事故。

除了因震动引起火灾以及对汽轮发电机组的机械影响之外，还使一根向汽轮机冷凝器供给海水的管道破裂。这就使大量的水流到汽轮机厂房的下层构筑物内，进而流到反应堆厂房的底层和核电厂下层的其他区域。灭火所用的水加重了水的淹没。估计水量约为4000立方米，水深达1米，并淹没了若干与安全有关的设备。

这些水淹区域的排水能力是不足的，必须从不同地方借用其他排水装置，而且需要长时间抽水。

由于火灾和水淹，核电厂的许多系统受到影响，其中的一些系统具有极其重要的安全相关功能。特别是：

（1）4台安注装置（涡轮鼓风机，二氧化碳气体驱动系统，供失水时冷却反应堆之用）中的两台脱扣，应当强调的是，用两台安注装置才能将反应堆引入安全状态；

（2）反应堆主冷却泵脱扣，触发启动了辅助冷却水系统，这个系统通常是在停堆期间才使用的；

（3）反应堆停堆系统也受到影响而不能工作，这个系统是在停堆的最后阶段所用的一个系统；

（4）自动给水槽水位控制系统失灵，导致出现断断续续的运行故障，这是在这起事件期间最为关键的情况。

火势得到控制后，核电厂人员的主要工作转移到排出厂房内底层的积水。

为了评价受影响系统的情况和将它们恢复正常，特别重视使停堆冷却系统恢复工作，以便有一个系统能在辅助供水系统最终失效时可投入运行。

根据CSN作出的初步评价，可以推断核电厂运行人员所采取的行动原则上是正确的，这取决于其对核设施具有良好了解。在失火和水淹之后，在恢复方面采取的措施也是成功的。

10月20日（星期五）借助于辅助水系统连续对反应堆冷却，并恢复了停堆冷却系统运行。

替代冷却系统的运行得到保障是10月21日（星期六）18时30分了。

在这起事件中，确认无放射性泄漏，因而可以认为对公众和干预人员的危险极小。

在事后，对范德洛斯核电1号和2号机组的记录以及外部监测网的记录作了核查，表明在该区域的放射性未增大到超过探测水平。

19.6　事故调查

经调查，2号汽轮机的高压段飞出36颗叶片。涡轮叶片故障后来归因于应力腐蚀现象(投运后没有特别加以检查)。叶片飞射改变了汽轮机的平衡，导致汽轮机轴的过高振动和过度摩擦，其反过来又导致轴在几秒钟内停止运转。振动也导致发电机周围的密封件破损，无法阻止氢气逸出。据现有报道，逸出的氢气在轴的热表面上点燃了。已有报告还指出，氢气爆燃确实发生，但显然没有造成重大损失。

喷射的叶片还切割开涡轮润滑油油管。供给汽轮机高压侧轴承的所有油管和位于两台低压汽轮机之间的一个服务于轴承的管道被撕碎，喷出润滑油。轴的过度摩擦导致的热表面也成为油的点火源。供油系统在损失轴承油压后，启动了所有4台油泵，并在55秒钟内向破碎的管道传送接近4500升（约超过1100加仑）的油。在事故发生期间，共有约12 000升

（约超过 3000 加仑）油从切断的管道溢出进入汽轮机厂房。

在反应堆的 4 个冷却剂回路中，两个回路（3 号和 4 号）由于火灾引起的电缆故障而失效。除了涡轮鼓风机之外，火灾还导致停堆热交换器（用于纵深防御的装置）也失效了。堆芯冷却能力仍然可以通过 1 号和 2 号蒸汽发生器，其相关的给水泵和涡轮鼓风机来维持。然而，给水流量的控制已被证明是很困难的。由于汽轮机厂房天花板下的热气体损坏了空气系统的铜质管道（估计是管道中焊点的故障），而导致空气供应也无法控制。操作人员使用自给式呼吸器（SCBA）和手持式照明灯，进入变暗和充满烟雾的阀门隔间，手动调节流量控制阀。

涡轮润滑油正在燃烧时，顺着流到汽轮机厂房的较低楼层，并在汽轮机下方产生燃烧油池。一部分油沿着墙壁和循环水系统的大管道（直径 2 米）后面向下流动。橡胶膨胀节位于燃烧油沿着墙壁向下流动的位置附近的管道上。因此关节直接暴露在火焰之中，直至软化。它最终在离墙最近的地方破裂。破裂使海水溢入汽轮机厂房的地下室。而关节本身，因为水流而没有燃烧。

来自破碎管道接头的水汇集在汽轮机厂房的地下室。足够量的水形成了一个大型水池。由于供电给厂房地坑泵的电缆被火灾损坏，所以该水泵无法启动。水也通过门、管道和电缆穿透进入反应堆厂房的最低楼层。反应堆厂房和汽轮机厂房地下室的水最终达到了 81 厘米（约 32 英寸）的深度。

汽轮机厂房中的喷洒系统按设计在事故中加以启动。然而，它没有控制住火，因为在火灾发生位置附近没有喷头。值得注意的是，尽管洒水系统正常运行，保护了液压油箱，但是火灾也摧毁了喷洒系统，油箱被完全破坏。

烟雾进入工厂的其他地区，并在没有实际火灾燃烧的地区启动了压制系统。烟也进入控制室。SCBA 发放给控制房间操作人员。然而，SCBA 并没有使用（显然烟雾水平从未达到操作员需要 SCBA 的程度）。便携式风扇被带入清除烟雾，并向控制室提供新鲜空气。

火灾最终损坏了 2 号汽轮发电机的 90%、1 号汽轮发电机的 10%，以及许多电缆和一个管道连接头。

19.7 后续处理

经过评估，西班牙政府已决定永久关闭仅 18 年堆龄的范德洛斯 1 号核电机组，西班牙所属工程公司在法国气冷堆退役专家的帮助下进行退役研究[70]。

经过后期研究，其退役分为三个阶段。

早期阶段或第一阶段拆卸工作是由拥有范德洛斯 I 核电厂的公司 HIFRENSA 进行的。这个阶段包括反应堆拆解和燃料清理（已于 1994 年结束），及运行中产生废物的处理以及沉积在石墨筒仓中的废物的提取和预处理。用过的核燃料送到法国进行后处理，并存放在法国国营公司前 AREVA 在拉海牙（诺曼底地区）的核废物仓库中。

在范德洛斯 I 核电厂退役的第二阶段中，该工程包括拆除核电厂构筑物和系统，但反应堆容器除外，而必须保持密封直至下一阶段。

1998 年 1 月，西班牙前工业和能源部（MINER）授权在范德列斯核电厂进行拆除工作，并在拆除过程完成后将其所有权移交给 HIFRENSA。在 1998 年 2 月至 1999 年 2 月之间，进行了在放射性区域拆除的现场条件调整任务，并拆除了常规设备和结构。从 1999 年到 2003 年 6 月，常规材料与放射性废物分离开来，从而确保了结构的完全净化。低、中放废物送到 El Cabril 贮存中心。

在此期间，超过 80%的场地被释放，约 300 000 吨材料被分类，其中不到 2000 吨被定为中、低放废物（RBMA）。

三阶段的任务将在 2027 年左右开始，届时将经过 25 年的等待时间。在此阶段，将拆除反应堆以完全腾出场地，该场地将再次由 HIFRENSA 拥有。

20 切尔诺贝利2号机组汽轮机厂房失火

20.1 背 景

切尔诺贝利核电厂位于乌克兰东北部的普里皮亚季镇附近，见图85。1991年10月11日，切尔诺贝利核电厂1号机组以50%功率运行，3号机组满功率运行。

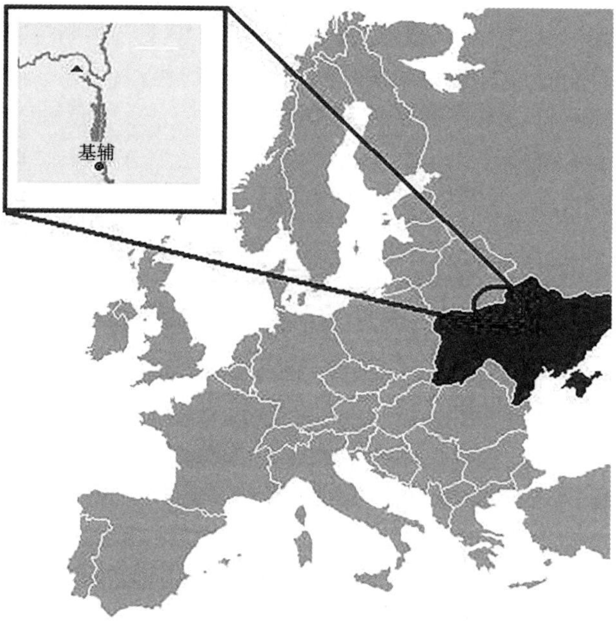

图85 切尔诺贝利在乌克兰的所处位置

20.2 事故进程

经历了2个月的维修后，1991年10月11日晚，切尔诺贝利2号机组反应堆正从维修停堆恢复到70%的设计功率运行[71]。

反应堆在向两台独立的汽轮发电机（TG3和TG4）供应蒸汽，而这两台汽轮发电机与切尔诺贝利1号机组和3号机组的汽轮发电机在同一个汽轮机厂房内，2号机组汽轮发电机组TG4的最近诊断试验表明，其应停运加以维修。

按照正常程序，操作员降低2号反应堆堆功率到425千兆瓦，反向调节通向汽轮发电机组TG4的蒸汽，然后断开通向该汽机的蒸汽，该发电机亦要求与电网断开，以便允许汽轮发电机组TG4惰转。

晚上7时46分，断开发电机励磁场，并切断核电厂330千伏开关组中的1、2和3号气动断路器。每个操作步骤基本上是按预定程序进行的。

晚上8时9分，汽轮发电机组TG4惰转基本停止，并处在50~200转/分范围内，突然发生330千伏开关组中的2号断路器在无任何运行人员采取任何行动的情况下自动易位，致使汽轮发电机又重新并网，联上的汽轮机和发电机转子在25~30秒内快速转动，并加速到同步速度为3000转/分（y. p. m）。完成这一过程所需的瞬间动态惯量矩估计为60吨·米^2。其结果是该发电机像“电动机”一样开始运转，在发电机转子和绕组中释放出大约3000兆焦耳的能量，巨大的能量波动使导热元件过热，引起发电机转子的机械轴端接头处迅速裂开和励磁绕组的损坏。巨大的不平衡的离心力，使发电机的转子支撑轴承上产生高冲击载荷。发电机轴承（共10~14个）没多久就由于干摩擦而受到损坏。

此时产生了第二个问题，在正常功率情况下，发电机转子使用氢气进行内部冷却，这样不但产生较小的摩擦力，而且比普通空气更能有效地导出热量。用高压油注入轴承间隙中可防止转子联结件上氢气的泄漏。世界上绝大多数的燃煤电厂和核电厂的汽轮发电机组都采用类似的氢冷却及油密封系统。

然而，TG4号汽轮发电机组轴承的损坏，同时引起油密封系统的破坏。这样纯氢冷却气体开始从发电机泄出并与空气相混合。电弧的严重打火和高温金属的相互摩擦有可能点燃气体混合物以及密封油，而且轴承的润滑油能引起强烈的局部燃烧。氢—空气爆燃的火焰有6~8米高，浓浓的烟雾开始弥漫于发电机厂房，并遮盖了晚间的照明系统。

最后，燃烧的油流到发电机母线上，引起整个三相电路的短路电流为120 000安培，并使发电机组失去作用。在0.07秒内发电机故障保护电路反应出短路信号，并显示2号隔离断路器断开。因此，切断所有到发电机的反向电源。但是，不可思议的是，在0.25秒后，2号断路器自己重新闭合，又经0.2秒后，发电机故障保护电路被迫断开2号断路器，而且经0.25秒后2号断路器再次闭合。最后，又经过0.27秒后，330千伏“Forrest”电网中保护电路开始起作用，并使用设置在距切尔诺贝利电站120公里的Korosten镇的4号断路器来断开发电机组。

开始以氮气替换发电机里冷却剂氢。

与此同时，随着发电机组电源的切断，操作员把注意力转移到汽轮机厂房的火灾上。因为反应堆厂房与汽轮机厂房是用混凝土防火墙隔开的，所以汽轮机基础台座上的火灾，既不危及设备的安全，又不形成明显的放射性威胁。钢和混凝土结构同样也能完全隔离早已损坏的汽轮机厂房的4号机组部分，使其不受火灾影响。尽管如此，操作员仍谨慎地起动应急响应程序，并通知2号机组的控制室操作员迅速关闭反应堆。反应堆于8点10分关闭，并立即使用最大的冷却速率，结果在最短的时间内使反应堆系统处于安全状态。

3号机组的控制室操作员也迅速响应：降低堆功率，关闭相邻的汽轮发电机组TG5。火灾发生时，莫斯科核动力工业部（MAPI）和乌克兰国家核电安全监督委员会（USCSNPS）立即接到了通知。MAPI通知附近的厂外消防队前来救火。

当时，在火灾现场，核电厂自身的消防队迅速发出火灾报警，并动用了可携带式与固定式灭火设备。他们得到了所有三台机组的操作运行备用人员和切尔诺贝利附近 Slavuticb 镇约 80 名消防队员的帮助。由于氢—空气火焰的强热浪使灭火条件极端困难。最初工作的重点是把火焰与附近的设备隔离开，防止火焰蔓延到附近设施。由于消防员的机智勇敢和熟练技术，取得了很大成效。然而，火焰上面的汽轮机厂房的金属房顶结构的完整性是另外一个关注要点。

1986 年事故后，厂房上原有沥青类覆盖层已被拆除，因此房顶着火的可能性很小。尽管如此，局部的通气系统不能排除火灾产生的烟尘和强烈的热流。另外，房顶支承构件没有隔热覆盖层和冷却系统。所以消防员使用汽轮机组台座下面的水来喷射房顶结构，尽最大的努力尽可能保护金属房顶结构。现场的消防力量和现场喷水灭火系统共同使用，超过核电厂消防泵的容量。因此造成水压下降，虽然大量的水喷射到烟雾之中，而实际上喷射水从来也没有达到房顶结构上。最终，房顶的金属骨架温度达到 900~1000 ℃，致使金属骨架强度减弱，最后约在晚 8 时 35 分倒塌（图 86）。

图 86　汽轮机厂房毁坏

50 米×50 米的房顶倒塌在下面基础台座上，并陷入相近的基坑中。基坑中设有核电厂主给水泵、辅助给水泵及其有关的控制柜。泵系统被损坏和一个控制柜着火，中断了流向反应堆冷却系统的补给水。高温金属碎片和带电导线妨碍了现场工作人员前去迅速修复损坏的泵。带电导线也是一种新的潜在火源，按照电着火消防规程，操作员应快速切断给水泵和辅助给水泵电机与控制柜的电源。

在控制室，操作员已经使反应堆处于停堆状态，因此确保了不再出现 1986 年的事件。正常运转的主冷却泵（其循环水通过堆芯和汽水分离器）在整个事件过程中仍在稳定运行，并按设计要求对反应堆进行冷却。然而，不能正常工作的给水泵和辅助给水泵系统意味着主循环系统可能丧失水源而不容易补充水。最终，如果补给水丧失较长时间，操作员可能失去导出反应堆衰变热的能力，而造成较大的损坏代价。考虑到这一点，核电厂原来的设计人员已在给水和辅助给水系统中给予了相当大的裕度。但是，设计时没有假设“多泵故障”这一情况，而操作人员当时就碰到了这种情况，可是，没有为恢复功能相应的应急运行规程。因为不能确定他们的能力是否能很快修复损坏的给水系统，操作员就设法利用其他专设的水处理系统迅速取得可采用的补给水源。

操作人员现在意识到他们以前谨慎的动作行为已经收效。通过反应堆停堆和使用直接冷却系统，有可能迅速降低一回路压力，这就能使一个低压系统来补充一回路系统的水。该计划付诸实施，打开通向泄压箱的排气阀门，使一回路冷却剂的压力降低到 15 kg/m^2 以下。该箱的设计容易调节泄压并适当包容带放射性的冷却剂，故放射性没有释放到厂区外，对公众或核电厂工作人员也没有造成相应的危害。应用未使用过的方案，发现想控制汽水分离器的水位是非常困难的，在某些情况下操作人员可能会失去控制。尽管如此，他们还是坚持跟踪分析它，证实在整个事故过程中可靠地冷却反应堆。

23 时 30 分，发电机火灾终于被扑灭。

乌克兰国家核电安全监督委员会的主席 Nicolai Sbteinberg 根据辐射环境的控制测量和对厂址进行了观察后，于 10 月 12 日凌晨 1 时通过宣传工具发布了官方消息。

20.3 事故后果

汽轮机厂房大面积被破坏。委员会也审查了当值人员和消防队的灭火战斗和应急响应行动。结论是，即使较快、较强的灭火行动也不能避免房顶倒塌。

修复厂房房顶大火烧破的洞将花费约 4 周。该汽轮发电机组将由另外一个备用件替换，全部修理工作约需 4 个月完成。

乌克兰政府已下令永久性关闭该核电厂的 2 号核反应堆，但没有规定关闭的最后期限。该堆自从 1991 年在火灾中受损以来，一直处于闲置状态。乌克兰政府曾考虑重新启动该反应堆，但最后还是放弃了，称无力支付启动所需 1 亿美元的资金[72]。

20.4 辐射危害

虽然 1991 年 10 月 11 日的事件没有对公众或电站工作人员造成事实上的辐射危害，但严格地说是有放射性释放的，并且某些工作人员也受到了辐照。火焰的热量引起曾在 1986 年事故中所污染的汽轮机厂房顶部放射性气溶胶的再释放。1986 年事故的放射性总释放量估计为 1.85×10^{18} 贝克。相比之下，1991 年 10 月 11 日再释放的气溶胶总量只有 1.33×10^{7} 贝克，小于核电厂最大允许日释放量的 1/4。

参与灭火的核电厂工作人员和消防员在此事件中接受的剂量为 $(2\sim17)\times10^{-4}$ 希沃特或更小。这样低的辐照量是由于核电厂通常是很清洁的。火灾涉及的工艺设备和地区表面 β 污染只有 30~400 个粒子/厘米^2 · 分钟，这远远低于正常运行时规定的最大允许值（2000 个粒子/厘米^2 · 分钟）。

20.5 事件调查

MAIP 说，负责调查该事故的特别委员会成立了 5 个小组，集中对事故的技术方面、起火原因、事故修复工作及向政府和公众通报信息等进行调查。

委员会发现事件的起因是由于发电机气动隔离断路器出现故障，是由控制线路的短路所引起的。显然控制线路在 1977 年建造期间在电缆沟中布线时就已经受到损坏。一旦布好线，通常不再检查这些电缆，虽然在 1991 年 4 月对控制电路进行了电气试验，然而该试验和以前的试验均未发现电路有任何问题。

发电机输出端上没有备用就地隔离断路器也是事件发生的根本原因之一。较新的 RBMK 设计，如切尔诺贝利 3 号机组也没有该部件。

20.6 事件定级

火灾发生时，莫斯科的核动力工业部（MAPI）和乌克兰国家核电安全监督委员会（USCSNPS）立即接到了通知。MAPI 根据国际核事件分级表（INES），初步把此事件定为 1 级事件，并通知附近的厂外消防队前来救火。

MAPI 于 10 月 17 日宣布，按照国际原子能机构的国际核事件分级表，10 月 11 日切尔诺贝利核电厂 2 号机组的汽轮机厂房失火事件被重新认定为 2 级事件。修改原因是，如果汽轮机厂房内的大火再持续一段时间，安全系统有可能受到损坏。在事故开始的时候，一个安全系统没有工作，而另外一个运转正常致使反应堆安全关闭。

20.7 经验和教训

事件的安全性与完全中断给水和辅助给水系统有关，也与冗余安全性部件之间没有真正的独立性有关。切尔诺贝利 2 号机组的辅助给水泵没有单独的保护设施，致使单体部件的故障引起所有泵的共同故障。辅助给水系统设计中的不足之处也是独联体和欧洲某些营运单位所担心的事情。然而，从切尔诺贝利 2 号机组的火灾中应吸取的一些基本教训将是十分有意义的，也是每个人都感兴趣的。

第一，火灾预测分析应该是严密的，而且应考虑到多重火灾和扩大火灾的可能性，因此给电厂防火系统带来大的负担。

第二，必须仔细衡量，保证厂区外的辅助消防系统的能力将是切实可行的。

第三，人们应仔细评审，注意部件的实际隔离性、独立性和冗余度对安全影响的重要程度。水灾、火灾、维修规程、操作人员、直至应急响应小组想不到的同类事故。

20.8　后续影响

考虑到切尔诺贝利核电厂 1986 年 4 号机组发生事故，另 1982 年 9 月 9 日其 1 号反应堆发生部分堆芯损坏，虽然损害的程度是轻微的，但事故直到几年后才公布，其在几个月内被修复并恢复运行。

考虑到以上因素，从 1991 年起，西方国家推动乌克兰政府关闭切尔诺贝利核电厂。在 2 号反应堆的火灾后，决定该工厂将分两个阶段停产，剩下的两个反应堆中有一个在 1996 年之前关闭，另一个则在 2000 年之前关闭。决定 1 号反应堆首先关闭有两个原因：第一是它是二者中的较老者；另一方面是，3 号反应堆在火灾发生前 4 年才开始运作，其投入了大量资源，那么早关闭它将是不经济的。

3 号反应堆是在切尔诺贝利电厂运行的最后一个反应堆。为了满足 2000 年的最后期限，反应堆在 2000 年 12 月 15 日在与乌克兰总统库奇斯蒂斯特亲临控制室所主持活动仪式上关闭。当地时间下午 1 点 17 分左右，操作员按压 AZ5 快速紧急防御系统，数秒钟内读出发电量读数为零，停机按计划进行。

即使在最后一个反应堆关闭之后，仍需继续在切尔诺贝利核电厂开展相应工作，直到 1、2 和 3 号反应堆完全退役，预计需要数年时间。退役的第一个阶段是去除放置在深水冷却池中的高放射性核燃料。然而，这种贮存设施不适合长期放置，而现场的设施不具备贮存 1、2 和 3 号反应堆所有乏燃料的能力。第二个计划是建造适合干法贮存技术的设施，以长期贮存并具有所需容量。

21　美国塞勒姆核电厂事故

21.1　背　景

塞勒姆核电厂是位于美国新泽西州萨勒姆县下阿洛维斯克里克镇的双机组压水堆核电厂。负责核电厂运营的是美国电力及天然气公共事业服务公司（PSEG）。

塞勒姆与霍普河核电厂都位于特拉华湾的人工岛。这个厂址属于典型的一个厂址多种技术路线并存的厂址（压水堆和沸水堆并存），也是一个多种冷却方式并存的厂址（自然通风冷却塔和开式直流循环冷却方式并存）。

塞勒姆核电厂两个反应堆都是压水堆，由西屋公司建造，并于 1977 年（1 号机组）和 1981 年（2 号机组）开始商业运行。该核电厂的容量为 2275 千兆瓦。在运行过程中出现过连续两起未能紧急停堆的预期瞬发事件，引发了核管会的高度重视[73]（图 87）。

图 87　从特拉华湾对面看 PSEG 核电厂（包括塞勒姆核电厂和霍普河核电厂）

PSEG 于 2009 年申请了这两个反应堆的 20 年许可续期，2011 年获得了 NRC 的批准。1 号机组的使用许可期限为 2036 年 8 月 13 日，2 号机组的使用许可期限为 2040 年 4 月 18 日。

2004 年，PSEG 已经同意和 Exelon 公司合并。两家公司的合并将形成一家联合公司——Exelon 电力和燃气公司。该公司总资产将达到 790 亿美元，为伊利诺斯州、宾夕法尼亚州和新泽西州的 700 万用户提供电力服务，并为这些州的 200 万用户提供燃气服务。该公司将具有 52 000 千兆瓦发电容量，成为美国最大的电力供应商。Exelon 公司期望通过合并核业务，能够提高稳定性、提高设备利用率，并降低成本。

Exelon 公司和 PSEG 已经签订了核运行服务合同。该合同将在 2005 年 1 月 17 日开始生效。根据该合同，Exelon 将派出人员在 PSEG 核机构中工作。Exelon 公司还将派出高级职员检查核电厂日常操作，并执行 Exelon 管理模式。Exelon 希望能够通过这些措施帮助 PSEG 提高其塞勒姆和霍普河核电厂的运行水平。

PSEG 于 2010 年 5 月向核管会（NRC）提交了一份早期厂址许可申请，并要求在新泽西州新建一座核电厂。

NRC 核安全与许可证审批委员会于 2016 年 4 月批准 PSEG 电力公司和 PSEG 核电公司的一份申请，同意为位于新泽西州萨勒姆县塞勒姆核电厂和霍普河核电厂附近厂址发放早期厂址许可。这份为期 20 年的许可解决了大量厂址相关问题，包括多个环境影响问题，但没有授权开展任何受核管会监管的建设活动。

2018 年 5 月 23 日，美国新泽西州州长菲尔・墨菲签署一份支持核电厂继续运行的法案，使其正式成为法律。新法律建立了零排放奖励计划，能够为进行无碳电力生产的核电厂提供补偿。（核电厂必须证明其为确保新州的空气质量作出重要贡献，并且面临着在未来三年内关闭的风险。）

位于新泽西州牡蛎溪核电厂于 2018 年 9 月 17 日正式退役。牡蛎溪是新泽西州的 4 个核动力反应堆之一，仅牡蛎溪核电厂占该州总核装机容量的 15%，约为总发电量的 7%。其他是塞勒河核电厂和霍普河核电厂。核电占 2017 年该州总发电量的 45%，牡蛎溪的退役对该州的电力供应带来了巨大挑战。

新泽西州公共事业委员会于 2019 年 4 月授予塞勒姆核电厂和霍普河核电厂零排放证书。该委员会主席约瑟夫菲・奥尔达利索表示，委员会“在道义上有义务”尽其所能减少碳排放。

21.2 事故进程

1991 年 11 月 9 日，塞勒姆核电厂 2 号机组正满功率运行。当反应堆发生跳堆，主发电机断路器断开。自动停止供油系统处于测试模式，因此，当发电机与电网断开连接时，汽轮机阀循环打开（即，没有适当的发电机负载的情况下，汽轮机“重新启动”）。这样就发生了超速情况，但是超速保护系统未能正常发挥作用，并且涡轮的转速超过了 2500 r/min（正常运行速度为 1800 r/min）。与该超速产生的应力导致叶片破裂，碎片从汽轮机壳体中弹出。过度振动导致密封失效，进而氢气逸出并着火。润滑油管也被切断，随之泄漏的油也着火了。

以下自动灭火系统按设计要求立即启动：

（1）保护内部发电机轴承座的雨淋系统；

（2）保护低压轴承座的雨淋系统；

（3）保护主发电机励磁器的低压二氧化碳系统；

（4）主发电机底座下方的湿管喷淋系统。

根据相关文献，导致汽轮机故障的整个事件序列持续了 74 秒。随之发生了火灾，在该时间段内一些自动灭火系统启动了，并按计划扑灭了一些火情。

发生火灾时，消防队恰巧在保护区之外。在核电厂保安的协助下，该消防队迅速进入了工厂，并在着火的 5 分钟内及时顺利到达现场。在核电厂消防员的帮助下，火势得以迅速遏制，并在 15 分钟内扑灭。与弹出的叶片造成的损坏相比，这次事故中由火灾引起的损坏很小。主发电机的汽轮机和励磁机端受到火灾影响而有所损坏[74]。

由于塞勒姆 2 号机的主汽轮发电机未封闭，因此氢气和火引发烟气直接逸入大气中。消防队不需要关心天花板构筑物下方的氢气问题。

21.3 事故分析

该事件被认为很重要。

尽管汽轮机发生灾难性故障，进而导致起火，火灾后果可能非常严重的，但结果仅有非常有限的火灾损坏。从源头上讲，该事件类似于其他汽轮机厂房火灾事件（例如纳罗拉、马鞍山和范德洛斯核电厂）。但是，该事件在某种程度上是独一无二的，因为灭火系统足以控制随后发生的火灾，并且加上救火队的响应，大火迅速扑灭。虽然发生了局部火灾，更换故障汽轮机的成本也很高，但对核电厂的安全相关物项没有影响。火灾对控制室功能没有特定影响，对操作员也是如此。此事件说明了对火灾快速反应的重要性。

在此事件中，与汽轮发电机相关的主要系统故障导致汽轮机解体。火灾是这种失效导致的随后结果。在分析中，事件的类别被定义为，包括内部火灾和汽轮机叶片故障在内的两个单独类别。在本次事件中，两种情况都发生了。此事件表明，在通用分析中分析汽轮机故障（尤其是汽轮机叶片弹出）时，应特别注意汽轮机厂房中发生火灾的可能性。

最后，有两个独立的事件都有助于直接引发了大火。首先，自动停止供油系统处于测试模式，这实际上导致了汽轮机在没有适当负载的情况下重新启动的情况，这直接导致了超速情况发生的可能性。其次，超速保护系统无法正常运行，无法控制超速情况。火灾分析模型很少涉及起火的实际过程，而是依靠基于过去经验的起火统计性加以估计。名义上而言，并发随机故障往往被认为是低概率事件。但本案例表明了此类火灾的可能性。

21.4 后续调查及后果

PSEG 说，新泽西州塞勒姆 2 号机组因一汽轮机着火被迫停堆，如果核电厂操作人员能够正确判断检测结果，这起事故本来是可以避免的。

该公司说，1990 年 10 月 20 日进行的一次检测中，理应探测出该失效的汽轮机叶片，因为那次检测表明，用来防止汽轮机超速转动的一些关键控制阀已经不灵。遗憾的是，这些检测结果被解释为检测程序不当所致，而未解释为设备问题。该核电厂的 3 名工作人员 (其中一名高级管理人员）玩忽职守，没有认真对待这些检测结果。

美国其他核电厂的汽轮机叶片也曾发生过裂纹，然而像塞勒姆 2 号机组的事故还是第一次。在这起事故中，汽轮机叶片断裂，并戳穿汽轮机外壳。清理现场人员在约 10 米外的地方发现了这些汽轮机叶片的碎片。

该核电厂核岛部分并未受到影响，既没有放射性物质泄漏，也没有人员受伤。

估计这次修理费用将高达 7500 万美元。该公司正在考虑究竟要买新的 GE 公司的发电机组，还是采用以前为塞勒姆 1 号机组购买的备用的西屋发电机组。

22 印度纳罗拉核电厂事故

22.1 背　景

纳罗拉核电厂位于印度北方邦纳罗拉镇，见图 88 和表 7。该核电厂由两台 220 兆瓦的加压重水反应堆（PHWR）组成，其中 1 号机组 1989 年 7 月开始运行，于 1991 年 1 月 1 日开始商业运行。2 号机组于 1992 年 7 月 1 日商运。其隶属于印度原子能局。每台机组共有两台汽轮发电机，位于同一间汽轮机厂房内。两个机组共享同一个控制室，但有独立的控制面板。

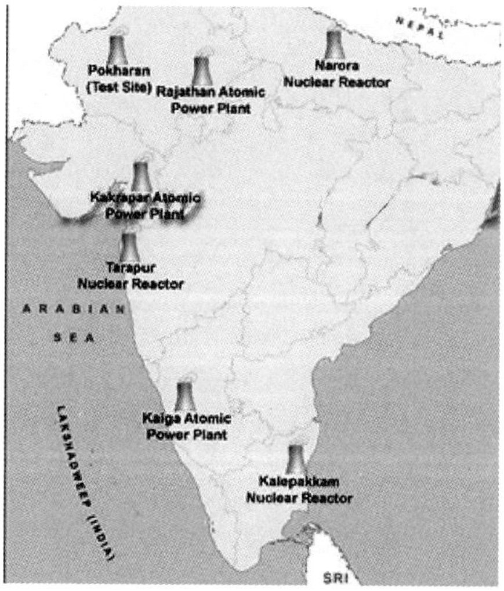

图 88　印度核电厂分布

表 7　印度核电厂一览表

Power station	State	Type	Operator	Units	Total capacity/MW
Kaiga	Karnataka	PHWR	NPCIL	220×3	660
Kalpakkam	Tamil Nadu	PHWR	NPCIL	220×2	440
Kakrapar	Gujarat	PHWR	NPCIL	220×2	440
Rawatbhata	Rajasthan	PHWR	NPCIL	100×1 200×1 220×4	1180

续表

Power station	State	Type	Operator	Units	Total capacity/MW
Tarapur	Maharashtra	BWR (PHWR)	NPCIL	160×2 540×2	1400
Narora	Uttar Pradesh	PHWR	NPCIL	220×2	440
Total	—	—	—	19	4560

1993 年 3 月 31 日，1 号机组的两台汽轮机叶片故障，再加上 PHWR 的布线系统的问题，几乎导致堆熔事故。虽然纳罗拉核电厂在火灾后全面复原，但是在 1999 年 9 月发生第二次事故时，气锁内门发生故障。核电厂立即关闭，2 号机组停工约一个月。

22.2 事故进程

1993 年 3 月 31 日，1 号机组的运行功率为 185 兆瓦。2 号机组处于冷停堆状态，但处于加压状态。

事故发生前，3 个消防水泵（马达驱动）中的一个处于维修状态，无法使用。

03 : 32，1 号机组的汽轮发电机低压缸第 5 级发生 2 个叶片故障，导致严重振动，油管破裂并溢出氢气。泄漏材料点燃后，造成汽轮机厂房火灾和爆炸。

汽轮发电机组自动脱扣。反应堆手动跳堆。

值长立刻使用 1 号停堆系统关闭反应堆。随后把硼注入慢化剂，以确保反应堆处于次临界状态。

事故发生后很快宣布核电厂进入应急状态，并在事故发生后约 19 个小时，即同一天 22 时 45 分解除该状态。

通过手动打开小型大气蒸汽排放阀（ASDV）启动主反应堆冷却回路的冷却。操作员观察到情况的严重性后开启了大型 ASDV 阀门，开始快速冷却模式。在不到 10 分钟的时间内，所有主冷却剂再循环泵都跳闸，所有与安全相关的电源丧失。这使电厂 1 号机组处于“全厂断电”状态，这种情况持续了 17 个小时。

油引发的火焰沿汽轮机厂房内的电缆盘传播到控制设备室。显然，缺乏适当的防火屏障贯穿密封件也导致火灾传播到其他地区。大量电缆盘受损。

大约 10 分钟内，操作人员手动启动了两台柴油机驱动的消防水泵。这些泵提供消防水，随后用于将水送到蒸汽发生器中。在其一起跳闸之前，运转了约 3.5 小时。根据现有的信息，无法确定泵跳闸原因。似乎与任何观察到的火灾伤害没有直接联系。因此，跳闸可能是由独立（随机）共因故障引起的。其中一个泵大约在泵跳闸之后 1.75 小时恢复，尽管没有关于如何恢复的细节。

大量烟雾从控制设备室和供气设备进入主控室。两台机组的操作员在叶片故障后约 10 分钟被迫离开主控室，长达 13 小时无法重新进入。操作员试图从应急控制室控制核电厂。

对 2 号机组的相关措施是成功的，但是 1 号机组侧没有电力供应，因此，应急控制室的 1 号机组控制盘没有任何有效的指示。因此，操作员无法得到任何反应堆状况的指示，实际上是“盲驾”。

故障后大约 20 分钟左右，开始使用消防栓和消防水箱的水灭火。大约 1.5 小时之内，大部分火已经熄灭。又经过 7.5 小时，其余的火焰熄灭[75]。

22.3 事故应对

事故管理咨询委员会成员约 30 分钟到达现场，并负责处理。汽轮机厂房入口处的守卫室用作指挥中心。

核电厂设计包括在消防水系统和蒸汽发生器之间的紧急备用连接。一批人员被派到锅炉房检查消防水备用回路的阀门状态。手动打开阀至其 50%开度。这建立了消防水流入蒸汽发生器，用作通过保持芯的自然循环冷却来排出余热的热阱。

将硼化的重水加入堆芯，以确保次临界。根据已制定的应急操作规程，使用了重力加硼系统（GRAB）。GRAB 专门设计用于在停电条件下保持功能。后来消防水软管也连接到端屏蔽冷却系统。

主发电机的中性总线管道的一部分和发生器下面的相母线管道的垂直部分由于该区域的油火而熔化。汽轮机发电机支撑结构和周围面板部分也遭受强烈热量的损害。

汽轮机厂房中的一些玻璃窗被破坏粉碎。

事件发生后约 4.5 小时，操作员进入了 1 号机组的主要构筑物，在那里他们可以直接读取主回路仪器读数。这样解除了“盲驾”状况，恢复了操作员监控反应堆状况的能力。

为这两个机组服务的第三台柴油发电机启动并在事件中运转约 5.5 小时，使必要的设备得到电力供应。但停堆冷却泵在事故发生后有 17 小时没有通电。事件序列中的这一点被纳罗拉核电厂管理层用来定义“全厂断电”状态的结束。

22.4 事故后果

在这场持续 12 个小时的火灾事故中，由于一个备用冷却系统启动，才避免了堆芯熔化事故的发生。

没有放射性泄漏和人员伤亡。

火灾发生之后，印度有关方面担心类似机组也存在同样的缺陷。为了预防类似事件的发生，印度原子能管理局要求营运核电厂的核动力公司 7 月开始对上述 4 个 PHWR 型机组进行停役检查。第一批进行停役检查的是马德拉斯核电厂的 1 号和 2 号机组。第二批停役检查的 2 个机组是纳罗拉 2 号和拉贾斯坦 2 号，每个机组将分别停役约 2~3 周开展对应检查。

23 俄罗斯托木斯克事故

23.1 背　景

托木斯克市是俄罗斯中部托木斯克州行政中心，位于托米河畔。该市始建于1604年，原名是塞维尔斯克，后来发展成为地区性行政中心，是西伯利亚地区的重点城市。托木斯克是第一所西伯利亚大学（成立于1888年）、一所技术学院（成立于1900年）以及教师培训、医学、运输和建筑工程学院的所在地。见图89。

图89　托木斯克市

托木斯克-7厂距托木斯克市只有14公里，其所在地前身是托木斯克市下面的小镇（图90）。第二次世界大战结束后，为了打破美国的核垄断，托木斯克-7厂诞生和成长是苏联核工业发展过程的一个缩影。

1949年起，苏联在此地开始建设西伯利亚化工联合企业。经过紧张的施工，1953年8月生产出首批核燃料——浓缩铀。1956年该企业的第一座工业核电厂投产，第二座核电厂也于1961年投入运行。其他工厂相继投产，形成一个生产燃料和武器材料的完整体系。20世纪50年代中期，托木斯克市拥有约100 000名工作人员及其家属[76]。

托木斯克-7有3座反应堆，事故发生时只有1座在运行，为附近居民区供电和供热。

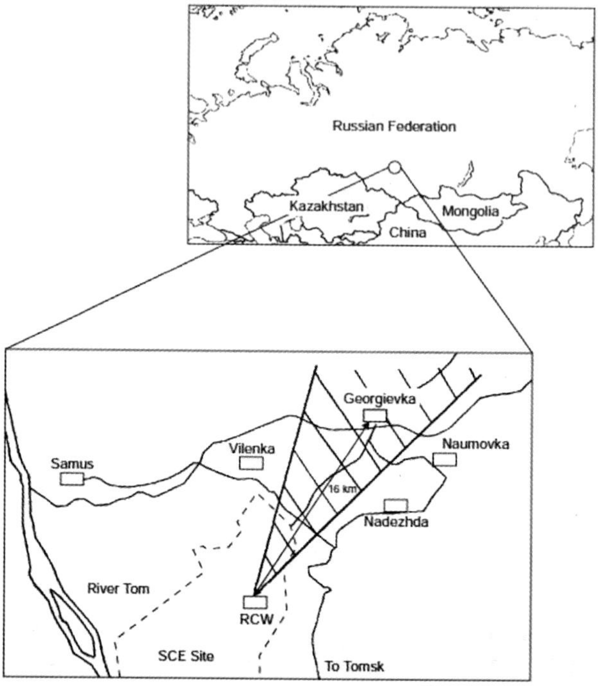

图 90　托木斯克厂址位置和布置

23.2　事故进程

事故发生在 1993 年 4 月 6 日 12 : 58。在前几天所执行的工艺流程与事故及其原因有关，因此也加以描述[77]。

4 月 1 日，AD-6102/2 装置完全排空（图 91）。

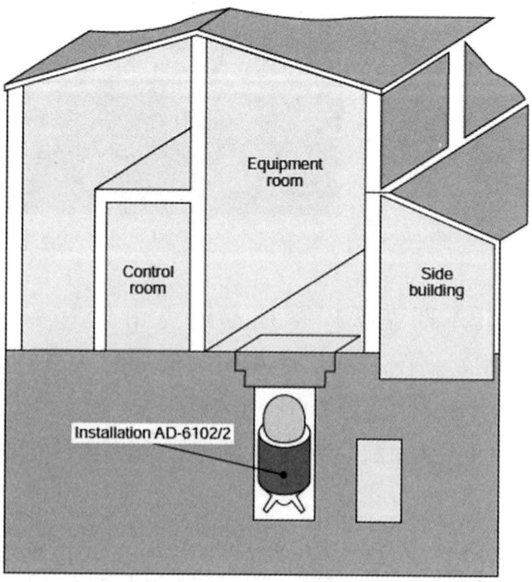

图 91　厂房和设备布置

设施随后重启，并按以下事件顺序所述制备溶液：

4 月 1—6 日，为萃取产品 401e 而准备 41 立方米产品 903v 和 74 立方米产品 422n。

4 月 6 日，将两批总体积为 19.5 立方米的产品 166 添加到剩余量为 4 立方米的产品 401e 中。

05 : 30 添加了第一批（12 立方米）产品 166。见图 92。

09 : 30 添加了第二批（7.5 立方米）产品 166。

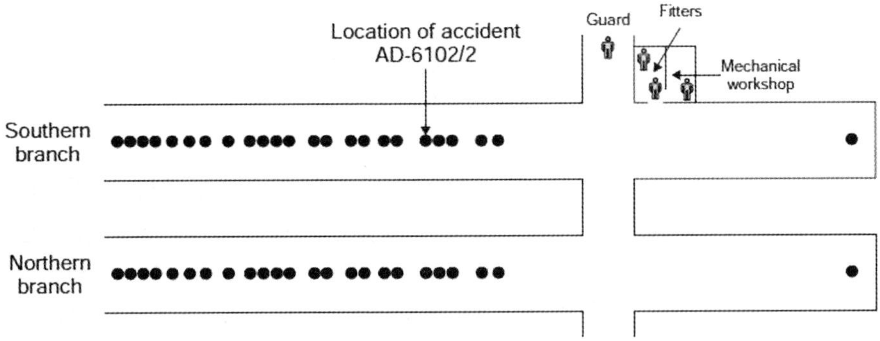

图 92　生产线布置图

10 : 30 加入 1. 5 立方米的硝酸（浓度为 14. 2 mol/L），以准备萃取。见图 93。

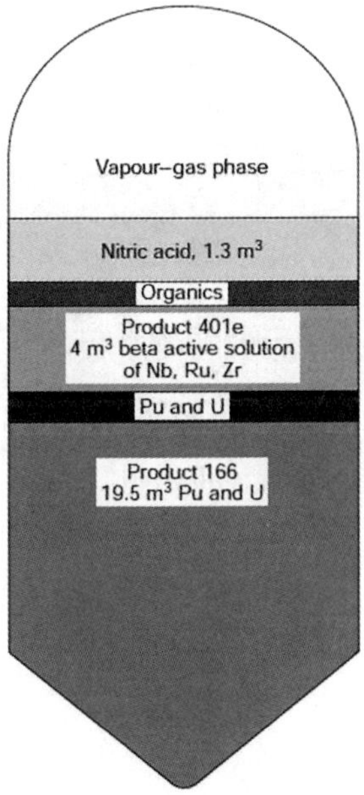

图 93　容器形状及内部成分

12 : 00 来自压力传感器的数据表明装置内的压力开始上升。

12 : 40 当班值开始换岗。新班值的工作人员注意到红色烟雾从 201 号楼附近的通风管冒出，尽管当前没有任何涉及氮氧化物释放的工艺流程。

12 : 50 操作员告知主管工程师压力正在上升。发现压力已经达到 2. 0 atm，并且仍在上升。工程师命令通过相邻厂的生产线对 AD-6102/2 装置进行降压。但是，该操作并未明显地降低压力。

12 : 55 压力持续增加，已达到 5. 0 atm。

12 : 58 AD-6102/2 装置出现破口，几秒钟后发生爆炸。在构筑物屋顶上可以观察到火焰。

23.3　事故后果

由于高水平的辐射剂量率和污染，加上构筑物内不安全的结构条件，使得无法立即直接进入事故现场。但从远处可以看出，厂房及上方都遭受了相当大的损害。覆盖地下室的平板已经移位，设备房的天花板被部分破坏，并落在地下室上。墙壁上的发黑和起泡现象表明，爆炸已影响到电池室 AD-6102/2 左侧和右侧。一些窗户被炸开，一些侧板也被移开，甚至包括离爆炸最远的房间末端的那些。照明和仪器设备的电源已切断，供暖系统已被破坏。

图 94 提供了 201 号构筑物的视图，清楚地显示了爆炸引起的侧壁上的洞。

图 94　火灾和爆炸后的 201 号构筑物

由于不可能目视检查容器的单元，因此当时无法立即评估泄漏出多少溶液或 AD-6102/2 装置受到多严重破坏。

23.4　事故应对

事故发生后，辐射监测预警系统立即加以启动，同时工作地点附近也有人穿戴呼吸防护设备（Lepestok 型）。

201 号构筑物中的所有人员都聚集在一个安全的地方，并告知情况。那些将不参与应急行动的人被命令撤离。

对事故的立即反应是迅速而有效的。

消防队在事故发生后 2 分钟内到达，并在 10 分钟内扑灭了屋顶和设备厂房内的火灾，楼内任何人员或来到现场的消防员均未受伤（图 95）。

图 95 灭火

23.5 放射性后果

这次爆炸造成的放射性释放量估计为 40 居里，而 1986 年发生切尔诺贝利事故的放射性释放量为 2500~5000 居里（见表 8）。爆炸使建筑物附近的 1500 平方米地区受到污染。据当时的测量及估算，爆炸现场空气中的剂量率为每小时几雷姆，其周界围墙处为 0.4~0.5 毫雷姆/小时，现场外离周界 1 公里处的最大剂量率为 400~500 微雷姆/小时。此外，一些放射性悬浮微粒（约 10 居里）通过通风换气系统顺烟囱跑到了大气中（其中的痕量元素有铌、锆、钌），在 2000 米高空形成了一个放射云团，估计释放物质的 β-γ 总活度为 40 居里。当时的风向为西南向东北，风速为 36 公里/小时，在下风向形成一条 18 公里、长 9 公里宽的污染带，其中最严重的是托木斯克到萨穆西的一段高速公路[78]。

表 8 两种模型计算的事故中释放量 TBq

	模型 1	模型 2
^{106}Ru	11.1	7.9
^{103}Ru	0.37	0.34
^{95}Nb	17.4	11.2
^{95}Zr	7.8	5.1
^{141}Ce	—	0.37
^{144}Ce	—	0.24
^{126}Sb	—	0.10
^{239}Pu	7.4×10^{-3}	5.2×10^{-3}
Total	36.7	25.3

在污染区内只有一个 30 户居民、200 人口的小村落 Georgiyevka，距托木斯克-7 厂址 14 英里，那里空气中的剂量率约 18～45 微雷姆/时，有些地方的最高剂量率达 180～300 微雷姆/时，比平时水平稍高。其他地区均为无人居住区。见图 96 和图 97。

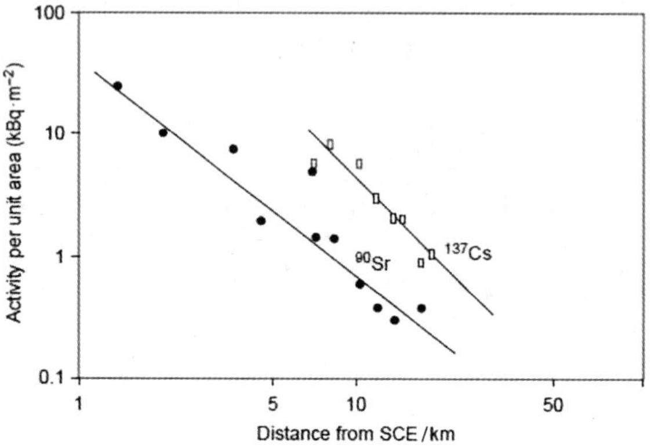

图 96　两种放射性核素在受事故影响最严重的 Georgievka 村的分布

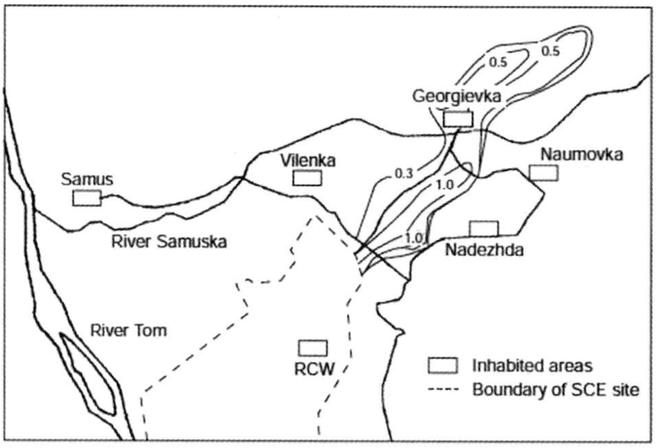

图 97　污染区域显示的外部伽马剂量率（1993 年 4 月 12 日至 13 日数据）

托木斯克-7 的其他构筑物未观察到污染。附近生活区也没有危险。

爆炸没有造成人员伤亡。一名工作人员的最大照射剂量为 0.7 雷姆。一名消防员受到的照射剂量为 0.2 雷姆。

俄罗斯原子能部按国际原子能机构（IAEA）的核事故分级表将这次事故定为 3 级事故。

经过 IAEA 调查，起火并向环境释放了约 250 立方米的放射性气体、8.7 kg 的铀和 500 g 钚。这相当于约 30 TBq 的 β 和 γ 放射性核素和约 6 GBq 钚-239。整个工厂周围 1500 平方米的面积受到严重污染，而放射性烟羽的总面积为 120 平方公里，在那里都可以检测到放射性水平升高。这是 1986 年切尔诺贝利事故以来发生的最严重的一起事故，最终托木斯克-7 的爆炸被评为国际核事件分级表（INES）的第 4 级。

受核辐射影响最严重的是 Georgievka 和 Nadezhda 村（图 98）。灾难发生后几天的放射性降雪造成了热点，其辐射水平高达 30 μGy/h，大约是正常本底辐射的 100 倍。受到放射性尘埃影响的地区的土壤中，长寿命放射性同位素（例如铯-137 或锶-90）的含量显著增加。

通过食物或水吸入或摄入铯-137后，可导致后代的患癌症和遗传缺陷，而锶-90是导致白血病的已知原因。

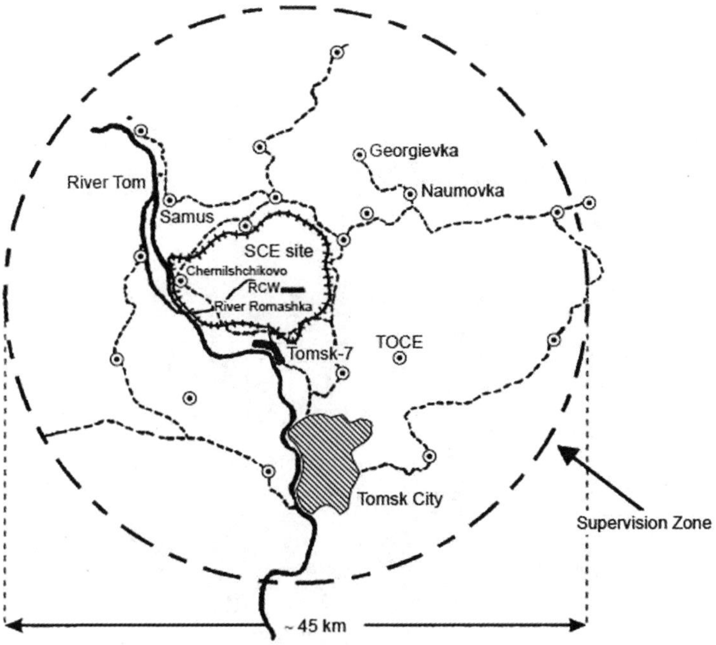

图98 厂址和应急区域

23.6 后续其他措施

约500名工人和内务部队参与了附近地区清除积雪和表土、冲洗路面的工作。在附近建起了几十个辐射监测站（图99）。

图99 在Georgievka村房屋边清除污染物

托木斯克-7的工人没有撤离，工作照常进行。

据托木斯克市一位不愿透露姓名的高级官员说，听说事故发生后他让所有职员回到家里，并建议他们喝酒，在俄罗斯普遍认为饮酒可以抵御辐射。托木斯克市是从莫斯科而不是从该厂最早得到发生爆炸消息的。但官方没有告诫人们不要光头外出活动、饮用几滴碘或回家后清理鞋等。

23.7 对核工业的其他影响

这一事故引起许多国家的关注。无疑将对俄核工业的名声造成不好的影响。这一事故使人们对在俄罗斯长期存贮核废物产生了严重疑虑。托木斯克厂址已被选定为在将来会存贮因拆除俄罗斯核武器产生的废物的场所。但俄罗斯官方称，这次事故并不意味着俄罗斯将放弃其在 2010 年之前核电容量翻番的计划（图 100）。

图 100　修复后的 201 号构筑物

正如俄罗斯原子能部发言人 Georgy Kaurov 所说，这不是一场大灾难，而是一次严重事故，与 1986 年切尔诺贝利事故相比要小得多，远不像新闻界报道的那么严重。但人们还是有理由担心，俄罗斯过时的设备和缺乏安全预防措施以后还会引发类似事故。

俄罗斯和其他国家都应从切尔诺贝利事故和本次事故中吸取经验教训，完善应急措施。此外，西方对俄罗斯核安全方面的援助还是必要的。

24 美国沃特福德核电厂事故

24.1 背 景

沃特福德核电厂3号位于路易斯安那州塔夫脱附近，是压水堆（PWR）单机组。3号机组是厂址唯一的核电机组。见图101。

图101 沃特福德-3号机组

沃特福德-3为Combustion Engineering公司（简称CE公司）设计，采用CE两环路（DRYAMB）型两回路压水堆机组。核电厂临近密西西比河，依靠密西西比河直接进行机组冷却。1974年11月14日，沃特福德-3开工建设。1985年9月24日投入商运。Entergy Louisiana公司委托Entergy Nuclear公司进行运营，运行人员约650人。反应堆制造商为CE公司，汽轮机制造商为西屋公司，建筑安装承包商为Ebasco公司。建设成本54.76亿美元（2007年计）。核电厂现有运营许可证运营许可至2024年12月18日。沃特福德-3电力装机1218兆瓦（热功率3716兆瓦），提供路易斯安那州10%电力需求。核电厂年平均发电容量因子98.67%，年平均发电量达10 096吉瓦/每小时。

Entergy Nuclear 2016年3月提交该机组的运行许可证换发申请。2018年12月31日，核管会宣布批准为沃特福德-3换发运行许可证，该机组因此可以运行至2044年12月18日[79]。

24.2 设计特点

该核电厂的火灾发生在其中一个非安全重要的开关柜中。有两个非重要的开关设备母线 A 和 B，它们都位于汽轮机厂房+15 英尺高处的一个房间中。两条母线由一个 10 英尺高的隔热板隔开（1 英尺厚，非到顶高度，混凝土砌块墙）。汽轮机厂房开关设备室的天花板在地面上方 25 英尺，开关设备柜的高度在 7 英尺。机房中设有 36 个火灾探测器在控制室内部的防火面板上发出警报，并且开关柜室中设有固定的灭火系统。

24.3 事故进程

1995 年 6 月 10 日，反应堆以 100%满功率运行。

08 : 58，变电站变压器（230 千伏/34. 5 千伏）上的避雷器发生故障，导致严重的电气瞬变，再加上断路器故障，导致非重要的开关设备 2A 发生故障，并导致启动变压器的断路器柜中起火。这导致反应堆跳堆以及一系列其他与安全无关的设备跳闸，信号致动和设备激活。

汽轮机厂房开关柜室的所有 36 个火灾探测器均在控制室指示面板发出报警。但是，控制室的操作员并没有意识到火灾探测器的警报，因为同时还有其他警报响起，防火警报板位于操作员不容易看到的地方，并且火灾探测器警报面板的蜂鸣器被胶带覆盖。因此，控制室操作员仍未意识到开关柜室内起火的事实。

上午 09 : 06，控制室收到一位辅助操作员的报告，该操作员恰好是训练有素的消防队成员，报告说浓烟从开关柜室冒出。值长询问辅助操作员是否可以观察到火焰或橙光，回应是没有火焰，但从开关柜室内散发出大量烟气。指示辅助操作员确认是否发生实际火灾，并报告。

两名辅助操作员戴上自给式呼吸器（SCBA），进入配电室核实火情。随后控制室得到通知确实发生了火灾。这种信息交换是在第一个火灾警报到达控制室后大约半小时（即大约 09 : 30）进行的。值长此时宣布发生火灾，并启动了消防队。

消防队赶到现场，最初试图使用装有二氧化碳、哈龙和干粉的手提灭火器灭火。他们的所有尝试都被证明是无效的。根据核电厂规程，值长担任消防队的领导，并离开控制室前往消防地点。

当地的场外消防部门在 09 : 41 接到通知，他们大约在 09 : 58（17 分钟后）到达。抵达后，他们建议使用水。但是，值长与核电厂运营团队的其他成员协商后，决定继续使用非水抑制介质。最终在火灾发生后大约 90 分钟（即大约 10 : 30）获得使用水的许可。初次使用水 4 分钟后，火势得到控制，在起火时间点后约两个半小时，火势被扑灭。

如前所述，火灾是在开关柜面板内部引发的。火从面板顶部蔓延开来，并点燃了面板上方的垂直电缆桥架立管。可以推断出，开关柜火焰穿透了的钢顶面板并传播到这些电缆上。

但是，无法确定这是由于顶板受热损坏还是在最初的电气故障中顶板可能已损坏。在其蔓延过程中，大火跳过了安装在电缆桥架垂直部分的挡火板，继续蔓延。直径为5英尺的圆柱中所穿过的电缆，直到面板顶部上方约10英尺的高度，都被大火损坏。紧挨着火区上方的火灾探测器也被热量损坏。

最终大火到达一个距地面约17英尺（面板上方10英尺）的水平电缆槽。然后，火势继续水平传播，直到到达安装在水平电缆桥架中的防火端为止，该防火端距与垂直桥架的交界处约8英尺。从可用信息可以推断出，对于电缆桥架的水平段，火焰的高度和/或程度是有限的。这是因为位于燃烧的4.16千伏电缆上方几英寸处的6.9千伏动力电缆没有被点燃，并且在大火后发现其表面损伤很小。

火灾还严重损坏了两个相邻的开关柜。附近的其他4个隔间仅受到外部损坏。调查人员推测，分隔两个开关柜的屏蔽墙反射的辐射热对这4个柜体造成了外部损坏。冗余设置的系列柜（在屏蔽墙的另一侧）没有一个被损坏。

此外，日志记录表明，火灾中机组辅助变压器A2机组辅助变压器断路器的行为不稳定。在整个事件过程中，控制板上还记录了一些其他不稳定的迹象。记录表明，变压器断路器首先显示为闭合，然后断开。由此可以推断，断路器控制电路故障导致事件记录顺序指示不正确。

24.4 事件分析

沃特福德-3的非重要开关设备火灾对安全相关功能的影响很小。但是，它确实为火灾分析提供了重要的经验。开关设备着火被认为是核电厂中最可能发生的火灾之一，许多火灾分析得出结论，与安全有关的开关设备是造成火灾的重要因素。然而，与安全无关的开关设备通常不会带来重要的风险。

该事件很好地说明了在发生开关柜故障和火灾的情况下，开关柜的隔间及其上方的电缆会发生什么情况。在这种情况下，3个小开关柜遭受了广泛的破坏，另外4个则受到了轻微的破坏。此外，火势通过钢板顶部传播到垂直电缆桥架，在垂直桥架上方约10英尺到达交叉的水平桥架，沿着水平桥架约8英尺，然后被通道上防火屏障拦住。封闭的电气面板内部着火蔓延到面板外部的可能性一直是近期争论的焦点。该事件表明，在某些情况下，这种可能性显然存在。

第二个引起关注的因素是，在此事件中，消防工作被大大延迟了。延迟是由三个名义上无关的因素引起的，其中两个与事件期间工作人员的决定有关。

这三个因素之一是值长的决定，他坚持在宣布火灾和启动消防队之前必须直接观察火焰。两名操作员花了近半小时（从着火时起）穿上防护呼吸器，进入房间，找出火源，核实火焰的存在，从房间撤退，并报告给主控制室。在典型的火灾分析中不会捕获到此情况。火灾分析几乎会普遍认为，一旦有明显的火灾迹象（例如警报、烟雾），消防队将立即启动。实际上，在大多数情况下，这就是观察到的情况。在这种特殊情况下，工厂程序显然确实要求工厂人员在宣布火灾之前核实火焰的存在。这说明了认真审查工厂火灾应急响应程序对火灾分析的重要性。

第二个因素与扑灭大火的策略有关。一旦宣布发生火灾并且消防队到达现场，消防队便拒绝使用水扑灭电火灾，直到多次尝试使用便携式灭火器扑灭火焰才证明是无效的。结果，火灾被允许燃烧的时间比火灾分析中通常所设想的要长得多，并且所观察到的损坏可能比进行迅速有效的灭火情况更糟。典型的火灾分析做法是，假设一旦消防队到达现场，便会立即开始有效的灭火。决定使用无效灭火剂而导致的延误未建模。此事件说明此假设可能是乐观的。必须指出的是，当前的火灾分析方法论从根本上能够将灭火尝试无效和由管理决策引起的延误纳入其中。例如，当前的方法已经包括基于抑制分布的时间可能性来评估消防队响应的能力，这可以解释初始灭火尝试将无效的一些可能性。但是，目前尚无量化此类行为的依据。

在此事件中，二氧化碳、哈龙和干粉化学品未能控制火灾的原因尚未得到报道。但是，其他事件也显示出类似的不满意结果，尤其是在大火涉及通电的配电盘时。事后看来，在扑救之前，大火似乎已经蔓延至头顶的垂直电缆桥架（回想起大火已经燃烧了至少 40 分钟）。在这些条件下，手持灭火器失效是不足为奇的。这些设备是要扑灭易于接近的火灾。手提式气体或干粉灭火器的容量和范围非常有限，因此在这种特殊情况下，他们的选择很差，这很可能是导致他们在这种特殊事件中无效的一个因素。

导致火灾紧急申报延迟的最终因素是消防报警器面板的位置和警报声被抑制。控制室的操作员不容易看到面板，并且火警蜂鸣器被胶带覆盖。另外，控制室中还有许多其他警报，这些警报一定转移了操作员对防火面板的注意力。重要的是要注意，即使在开关柜室内收到口头烟雾报告后，操作员也没有接近防火面板来验证火灾探测器的状况。

这样的条件可以在火灾分析中解决，但可能会被忽略。如果充分运用分析方法，可能会发现其中一些情况。尤其是，火灾分析推进将考虑到火灾报警器相对于操作员位置的位置，并且很可能已检测到蜂鸣器的状况。当然，在蜂鸣器上有胶带的情况下，很可能由于走动期间的发现而将胶带取下，分析人员会认为缺少胶带是正常情况。但是，这可能是一个乐观的假设，并且分析人员可能会试图找出存在胶带的最初原因。例如，如果在分析流程中对核电厂运营单位进行了采访，并且他们说核电厂出现了多个虚假火灾警报，那么分析师可能会运用判断因素来"降低"响应进行火灾探测和验证的时间。但是，这将高度依赖于分析人员的方法和知识状态。目前在这方面尚无明确或一致的指导。

另一个关注点：整个事件过程中控制板上有一些不稳定迹象。这表明控制电路在火灾情况下可能会异常失灵。没有针对此现象的确切原因。这一事件也表明了这一点。

注：**机组另一起火灾**

1985 年 6 月 26 日，机组正满功率运行，其中一台主给水泵发生火灾。一名电气人员通知控制室主给水泵 A 正在冒烟。一名操作员被派往现场核实，并向控制室报告该泵着火。控制室操作员操作跳泵，开始降低反应堆功率，并宣布处于异常中。

首次报告火灾 5 分钟后，控制室被告知实际上是主给水泵 B 发生火灾，而不是先前报告的泵 A。随后，控制室操作员立即使汽轮机跳机，进而导致反应堆跳堆。由于两个主给水泵均为安全级，这样蒸汽发生器的水位降至紧急给水系统设定值以下。

确认发生火灾后，消防队被启动。他们使用当地的软管站和水流扑灭了大火，并在大约 10 分钟内扑灭了大火。火灾仅限于给水管道上绝热层的一小部分，并归因于设计和制造错误。

25 日本文殊快堆事故

25.1 背 景

文殊快堆位于日本福井县敦贺市（图 102）。文殊快堆的反应堆是一个尚处于研究开发阶段的装置，主要研究在燃烧铀钚混合氧化物燃料过程中如何使钚增殖。

图 102 “文殊”快堆

日本根据其能源自立政策，积极发展快堆，希望通过实验快堆、原型快堆和示范快堆三个阶段，实现快堆商用化。“常阳”快堆是一座热功率为 100 兆瓦的实验快堆，1977 年首次达到临界。按照预定计划，顺利进行了一系列技术论证。有了“常阳”快堆的技术积累，“文殊”快堆的进展十分顺利。

日本政府于 1983 年 5 月 27 日正式批准了动力堆核燃料开发事业团的“文殊”原型快堆的建设计划。该堆将建在福井县敦贺市白木地区。预期从 1985 年 6 月开工，1991 年 3 月达到临界。建造费当初估计为 4000 亿日元，考虑到物价上涨等因素，将增加到 6000 亿日元[80]。

“文殊”快堆最终于 1985 年正式开始建造，1991 年设备安装完毕，1993 年 10 月开始装料，1994 年 4 月首次达到临界，1995 年 8 月 29 日开始发电，原计划于 1996 年 6 月达到满功率运行。

“文殊”快堆由日本原子能机构（JAEA）管理，属文部科学省管辖。“文殊”快堆由动燃开发事业团（PNC，现日本原子力研究开发机构）设计，由日立制作所、东芝、三菱重工业和富士电机 4 家公司建设。采用液态钠作为冷却剂，燃料为 MOX（Pu，UO_2），设计热功率 714 兆瓦，发电功率 280 兆瓦。具体参数：热功率 71.4 万千瓦，电功率 28 万千瓦，高度 930 毫米，等效直径 1790 毫米，容积 2340 升，功率密度 275 千瓦/升，增殖比 1.2，钠容器进口温度 397 ℃，出口 529 ℃。容器高 18 米，直径 7 米[81]（见图 103 和图 104）。

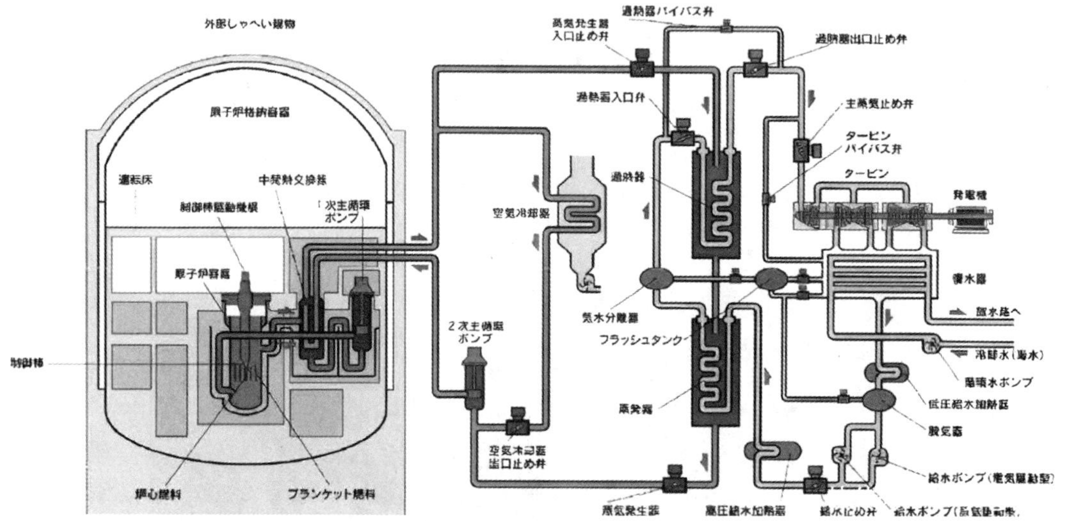

图 103　“文殊”快堆流程图

图 104　“文殊”快堆的建造

与用水作冷却剂的轻水反应堆不同的是，“文殊”快堆用钠作冷却剂。钠遇水后会产生剧烈反应，容易造成爆炸，引发火灾，继而引起核泄漏等重大事故。要将这种反应堆投入实际应用，还存在着许多技术上的困难。美国、英国、法国等发达国家都曾进行过这方面的研究开发，但都因各种原因而相继放弃。

25.2　事故进程

1995 年 12 月 8 日，“文殊”快堆二回路冷却系统发生钠泄漏事故，直接原因是温度探测器的测量套管由于金属疲劳导致断裂，造成液体钠通过温度计的测量套管泄漏到系统外，并引发了火灾（图 105）。

事故发生前“文殊”快堆正以约 43%额定功率运行。

19 : 48，火灾报警器和二回路冷却系统的钠泄漏报警器相继报警。

20 : 00，“文殊”快堆开始降功率运行。

20 : 50，再次接到火灾报警信号。冷却管道室内充满白烟，在现场确认情况后，判断钠泄漏的规模可能进一步扩大，于是决定开始手动停堆，并于 21 : 20 由停堆转换到余热排出状态。

经过两天多的检查，在二回路冷却系统管道室温度探测器下面的地板上发现大约 2~3 吨的冷却钠。估计这些冷却钠是从钠温度传感器与冷却管道的安装接口处泄漏出来的。

这次事件被定为国际核事件分级表的“0”级事件。

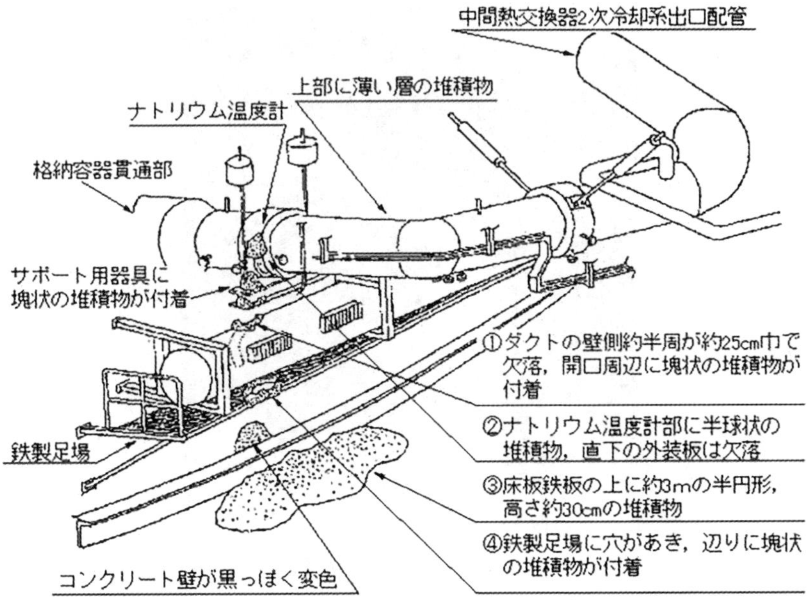

图 105　钠泄漏示意图

快堆的主一回路冷却系统中的流动钠是有放射性的，而主二回路冷却系统中的钠没有放射性，所以尽管从某种意义上来说，这是一次十分严重的事件，但其不可能造成放射性污染。

但批评家说，腐蚀性很强的钠冷却剂是非常危险的，此次“文殊”快堆主二回路冷却系统钠泄漏是性质十分严重的事件。

日本动燃开发事业团的官员说，这次钠泄漏发生在主钢管上，钢管设计有误，不能经受热变形，找出其泄漏的确切原因至少得花 3 个月时间。

日本内阁官房长官野坂浩贤在新闻发布会上说：“必须彻底查明此次钠泄漏的原因，并采取措施坚决杜绝类似事故的再次发生。”他还表示在确认“文殊”快堆的安全性之前，该堆不宜再次运行。日本科技厅长官 Yasuki Urano 说，不管这起事件的结果如何，日本未来仍将不得不依赖于快堆发电，因为日本缺乏其他能源[82]。

25.3　事故处理

到目前为止，已对“文殊”快堆进行了两次调查（图 106）。

图 106　发生钠泄漏事故的“文殊”快堆现场

第一次是寻找钠泄漏处一小段的热电偶套管，这一小段管子是长 16 厘米、直径 1 厘米的不锈钢管，寻找它是很困难的：因为大约有 118 米长的水平管道内装有热电偶，连接此水平管道的是钠进入过热器的一段 8 米长的垂直管道，在水平管路中有 13 个弯道，还有一个阀门和几个排水管路的接口，因此，这一小段钢管可能停留的地方很多。开始时 PNC 对如转道处等最有可能停留的位置进行了放射照像。发生事故时钠的流速为 2 米/秒左右（大约是 PWR 主回路中流速的 10%），看来该钢管被带到垂直管道而进入过热器顶部的分配集管中是不大可能的。如果真是这样，它可能会被卡在与集管上 6 根接管连接的过滤器上，这些过滤器被设计为可以滤去所有直径大于 5 毫米的物质。此下落不明的小钢管不大可能进入过热器，并且不可能造成管子损坏，即使这样，寻找它也不容易。

第二项工作是将热电偶套管密封在A和B回路中。这样做的原因是主衰变热排放系统是利用与二回路钠冷却剂回路相联的钠与空气的热交换器。即使在排出衰变热所需的极低的钠流速情况下另一热电偶套管破裂的可能性不大，PNC也不能冒险。因此这些热电偶套管将被包覆起来或用一锻造配件将热电偶包壳密封在热电偶套管的内表面上。衰变热大约为2200~300千瓦，衰变热的排出对堆芯安全是至关重要的，PNC每次必须使A或B回路中之一暂停工作，另一回路仍可用于冷却。这种包覆或密封工作只是暂时的措施，并不是解决热电偶套管故障问题的办法[83]。

25.4 事故分析

尽管日本“文殊”快堆钠泄漏不是一起严重事故，没有人受伤，没有放射性泄漏，设备的损坏程度相对较轻，按国际核事件分级表定为0级事故。但是，在政治和对公众的影响上却非常严重。因此快堆的再启动已被推迟，日本原子力公司的先进压水堆项目的审批也暂不考虑，地方当局也中止了在其地区内的轻水堆中使用再循环钚的协议。

事故发生后，PNC对事故情况遮遮掩掩，没有随时向公众报告情况，并企图竭力缩小事故的严重程度。直到事故被披露出来后，才不得不公开事故经过，因此给公众造成不良影响，使民众对快堆技术的安全性产生严重的怀疑。

地方政府的这些反应部分真实地反映了公众的意见，部分是公众愤怒的表现。

25.5 后续影响

“文殊”快堆实际上从1995年管道液态钠泄漏事故以来一直处于闲置状态。但是其他相关工作还在推进[84]。日本政府却在1995年钠蒸气泄漏事故尚未得到妥善处理的情况下，便于2002年12月向文殊快堆颁发了继续运行的许可证。政府的这一决定遭到核电厂附近居民的强烈反对，他们以政府在对核电厂进行安全审查方面存在重大失误为由，将其告上法庭，要求政府撤回这项决定。日本名古屋高等法院金泽分院对福井县文殊快堆泄漏事故上诉案做出判决，推翻了福井地方法院此前做出的一审判决，认定日本政府在审查文殊快堆衰变安全措施、处理该核电厂1995年钠蒸气泄漏事故方面存在重大错误，宣判政府做出的允许该核电厂恢复运行的决定无效。这一判决使文殊快堆原定在2002年内完成技术改造、重新启动核反应堆的计划变成泡影，也给日本政府“核燃料循环再生计划”带来了巨大的冲击。据报道，居民在以核安全为由状告政府的案件中胜诉在日本还是首例。

经过多方不懈努力，2010年“文殊”快堆实现重启，但是，8月26日，在进行换料操作时，发生了炉内中继装置（即换料装置）掉落事故。为此当时负责作业现场的燃料课长随后引咎自杀。之后“文殊”快堆一直闲置。

日本曾将“文殊”视为“梦之反应堆”，2016年年底日本政府最终决定退役“文殊”

快堆。

据统计“文殊”快堆自 1977 年立项以来，已花费了 1 万亿日元（约合 98 亿美元）。实际上从 1995 年钠泄漏事故以来，最近 20 年一直闲置，其每年的维护成本需要约 200 亿日元。日本文部科学省表示，如果“文殊”快堆继续运行，那么在未来 16 年内可能将耗资超过 5400 亿日元（53 亿美元）。

2016 年 12 月，日本政府在“快中子反应堆开发会议”第四次会议上发布估算结果称，快中子增殖反应堆“文殊”堆报废费用为 3750 亿日元（约合人民币 220 亿元）以上。

虽然“文殊”快堆最终决定退役，但日本方面并未放弃快堆研究，后期可通过参与法国示范反应堆“ASTRID”以及快中子实验堆“常阳”等获取相关知识。据了解，日本将在 2018 年启动一项为期 10 年的计划，考虑在国内建设和运行自己的“具有成本效益的”示范快堆。

26　美国帕洛弗迪核电厂事故

26.1　背　景

帕洛弗迪核电厂位于美国亚利桑那州的温特斯堡，距该州首府菲尼克斯约 54 千米。见图 107。帕洛弗迪核电厂总功率为 3.93 吉瓦，是美国最大的核电厂。

帕洛弗迪核电厂为亚利桑那核动工程公司（ANPP）所有，亚利桑那公共事业服务公司（APS）营运。安装有 3 台电功率 1300 兆瓦压水堆核电机组。核岛设备由美国燃烧工程（CE）公司提供，常规岛设备由美国通用电气（GE）公司提供，核电厂设计和建设的总体技术责任由美国柏克莱公司承担。

图 107　帕洛弗迪核电厂厂址

帕洛弗迪核电厂 1、2 和 3 号机组于 1973 年订货，主体工程于 1976 年开始浇灌第一罐混凝土。经过土建施工、安装和调试，分别于 1985 年、1986 年和 1987 年达临界，并分别于 1986 年 1 月，1986 年 9 月和 1988 年 1 月投入商业运行。

核岛为 CE 系统 80 型，额定热功率为 3817 兆瓦。反应堆堆芯高度为 3.81 米，直径为 3.65 米，燃料装量为 99.03 吨重金属。堆芯平均热功率密度为 95.6 千瓦/升。反应堆一回路有 2 个环路，一回路压力为 15.5 兆帕，反应堆出口水温为 327 ℃，进口水温为 296 ℃。反应堆内装 241 个 16×16 CE 系统 80 型燃料组件，燃料材料为 UO_2，每个组件有 236 根燃料棒，棒的外径为 9. 703 毫米，棒的包壳材料为 Zr-4 合金，棒外壳的最高温度为 347 ℃，燃料棒的平均线功率密度分别为 18. 14、18. 21 和 18. 37 千瓦/米。燃料在堆内的运行时间为 18 个月，每年装卸燃料 27. 9 吨重金属。卸料平均燃耗为 38 000 兆瓦 · 天/吨。反应堆共有粗调节控制棒 76 束，细调用控制棒 13 束，控制材料为 B4C，可燃毒物材料为 Al203/B4C。每台机组使用一台额定出力为 1303 兆瓦的汽轮发电机，发电机的额定转速为 1800 转/分钟。进入汽轮机的蒸汽压力为 6. 86 兆帕，温度为 288 ℃。

2003 年，机组获批功率提升[85]。核电厂营运单位——亚利桑那公共服务公司（APS）于 2008 年 12 月向美国核管会（NRC）提交了更新运行许可证的申请。该公司表示，为确保电厂能继续安全运行，已对电厂的设备进行了更新，包括对一些部件的替换，如三台机组的蒸汽发生器、反应堆容器封头和低压汽轮机。2010 年，亚利桑那公共服务公司还与当地政府达成协议，确保在 2050 年前向电厂提供足够的冷却水。目前该公司正对电厂的冷却塔实施现代化改造。

2011 年 5 月，美国核管会称：“对核电厂的安全系统和技术规格书进行仔细地审查后，工作人员得出结论，申请者已充分地证明他们具备应对核电厂老化的能力，同时核电厂也不存在影响执照更新的安全问题。另外，核管会对核电厂进行了检查以证实其提交信息的准确性。”帕洛弗迪核电厂运行许可证的更新，使续期申请得到核管会批准的反应堆数量增至 66 个，美国共有 104 座反应堆。续期后的 1 号机组运行许可证到期时间为 2045 年 6 月，2 号机组为 2046 年 4 月，3 号机组为 2047 年 12 月。

26. 2　事件进程

1996 年 4 月 4 日，2 号机组正在进行停堆换料大修。

17 : 00，在控制室的后面板区域检测到烟雾。B 列应急照明的不间断动力电源面板上散发出烟。

大约在同一时间，一名辅助操作员在辅助厂房 100 英尺平台的 B 列直流设备机房发现了烟雾和起火。在 480/120 伏基本照明隔离变压器上发现了第二起火情。

火灾探测器上的多个故障警报掩盖了来自该机房实质性火灾的警报，因此操作员未注意到已接入的有效火灾警报信号。

起火导致控制室 B 列应急照明电路、一些通用的核电厂必需照明，以及电厂火灾检测和警报系统面板的丧失。当供应电源面板导管中的电缆过热导致各种导体短路时，向不间断电源面板供电的断路器跳闸打开。断路器跳闸还切断了辅助厂房中火警探测和报警面板的电源。火灾警报信号监视器（计算机屏幕）指示大量火灾探测器故障警报，且这些多个警报在监视器上滚动播放。这归因于火灾探测和报警面板失电。

设备机房的火灾已报告给控制室，并启动了现场消防队。他们立即开展行动，并在短时间内将火扑灭。不清楚消防队信息是否也向主控制室报告。主控制室的火灾显然是由操作员处理的。无论哪种情况，控制室的火灾也很快被扑灭。这两次火灾造成的直接损害仅限于原地，即没有火蔓延到着火点之外。

26.3 事件分析

在这起事件中，无论从经典的消防角度还是从核安全角度来看，火灾都不严重。该事件特别之处是同时发生多起火灾，其中之一发生在核电厂的主控制室。涉及多重起火的事故已出现多家核电厂事故中。在某些情况下，尤其是非美国核电厂事故，大火导致了严重破坏。火灾分析目前不处理并发火灾，相反，在给定的时间仅在单个位置假定一场火。

帕洛弗迪核电厂同时起火的原因可归因于 B 列直流设备机房中的隔离变压器故障。该故障通过变压器的面板接地造成短路故障。变压器的中性点未接地。另外，作为备用基本照明不间断电源的逆变器安装不当。逆变器的接地连接是隔离变压器接地故障通过基本照明电源面板的返回路径。承载故障电流的导体未设计为能够应对由故障引起的高电流。结果，这些材料出现过热并点燃了周围的可燃材料。显然，导致多次点火的共同因素是共同的过载电导体。

需要持续关注的是，本次火灾实际上是自燃式电缆火灾。电气故障导致特定电缆上的载流量过载，结果电缆在两个位置被点燃。帕洛弗迪机组相对较新（1976 年，2 号机组开始建造，而美国现行的电缆易燃性标准 IEEE 383 是 1975 年生效的）；因此，可以假定安装在核电厂中的电缆是低火焰蔓延型的。该事件是极少数的事件之一，即使不是唯一的事件，在这种情况下，低火焰蔓延型电缆中的自燃电缆着火并未自行熄灭。在典型的火灾分析中，如果电缆被证明具有低火焰蔓延性，则通常认为持续发生自燃电缆的可能性很小。该事件似乎表明确实有一定程度的此类火灾的可能性，尽管此类火灾的实际发生频率仍不确定。如果确实这是经验库中唯一的此类事件，那么低频的假设仍然是合理的。

27　日本东海村后处理厂固化设施事件

27.1　背　景

东海村后处理厂是日本最早且运行时间最长的一座后处理设施。该厂坐落于东京北部48公里处茨城县的东海村（图108）。

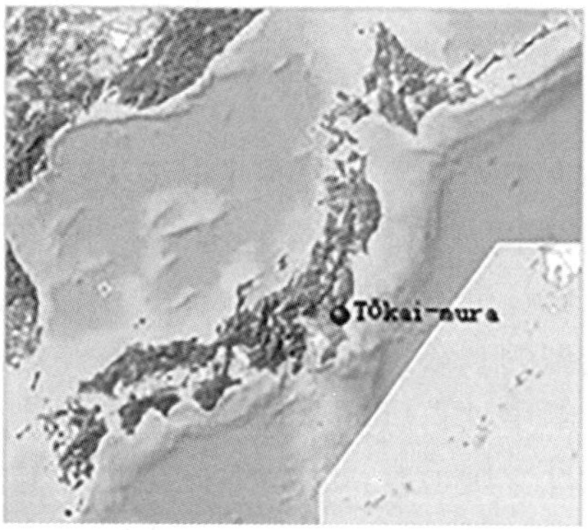

图108　东海村后处理厂厂址

东海村有一系列相关核设施，包括东海村后处理厂、钚燃料制造设施、玻璃固化设施、低放处置场等，是日本开展闭式燃料循环策略、MOX燃料及乏燃料处理处置的关键研发场所（图109）。

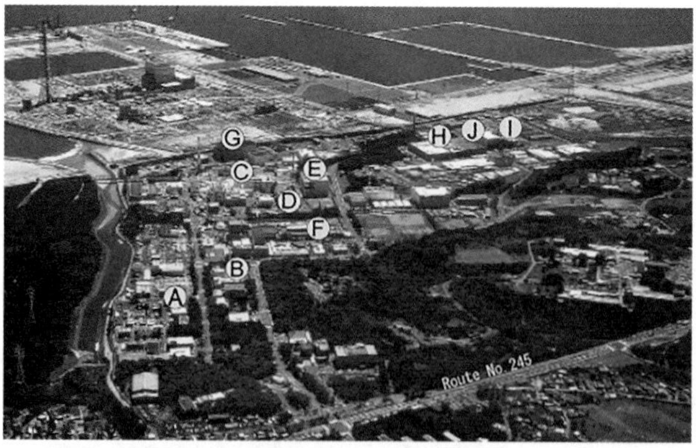

A—应急控制中心；B—健康与安全管理处；C—东海再处理厂；D—东海玻璃固化设施；E—循环设备试验设施；F—化学处理设施；G—工程验证装置Ⅲ；H—钚燃料生产设施；I—工程比例和研究试验设施；J—定量评估放射性核素迁移实验设施

图109　日本茨城县东海村的核燃料循环工程实验室的主要设施

东海村后处理厂原归属于1967年10月成立的日本动力堆核燃料开发事业团（PNC）负责，后改组为日本核燃料循环开发机构（JNC），现归属日本原子能研究开发机构（JAEA）。JAEA于2005年10月正式成立。

东海村后处理厂于1971年6月动工建设，1977年9月试运行处理乏燃料，1981年投入全面运行并首次提取出钚。该厂设计年处理量最初为210吨乏燃料，是采用普雷克斯（Purex）技术的示范后处理工厂。该厂主要负责处理核工业使用过的乏燃料，从中提取有用的核素，同时将废物量减容，为最后的处置做准备（图110）。

图110 东海村后处理厂

该厂自1977年9月试运转以来，溶解槽不断发生故障，陆续发生事故13起，直至因放射性泄漏于1983年2月停止运行[86]，一共只处理了174吨辐照过的燃料。在确认原有溶解槽的腐蚀泄漏及补焊的情况并增加了新溶解槽的情况下，一直处于停产的东海村后处理厂从1985年2月重新投入运行，用于处理“普贤”堆的辐照过的燃料（每年最多10吨），将乏燃料贮存设施的能力从97吨增加到140吨。1988年东海村后处理厂回收的钚制成MOX燃料，重新投入“普贤”堆加以试验运行，实现了闭式循环应用，该实验具有重大的意义。随后该厂一直以年处理量90吨乏燃料稳定地运行着。

但是，1997年3月该厂沥青固化设施（BDF）发生火灾爆炸事故后该厂又停止了作业。2000年11月，该厂又重新启动，开展商业核电机组乏燃料后处理。2006年之后该工厂工作重点放在研发上，包括处理于2003年停运的“普贤”先进热中子实验堆（ATR）产生的铀钚混合氧化物（MOX）乏燃料。

在运行期间，该设施共对超过1100吨乏燃料进行了后处理，其中包括88吨“普贤”先进热中子实验堆乏燃料、644吨沸水堆乏燃料、376吨压水堆乏燃料和9吨日本动力示范堆（JPDR）乏燃料。

2011年受东日本大地震和福岛核事故影响，东海村后处理厂一直处于停运状态。

2014年9月29日，日本原子力研究开发机构宣布，由于满足新安全标准所需的设备改造费用过高，将永久关闭东海村后处理厂。如果要按照新安全标准的要求对该设施进行升级改造，需要投入1000亿日元（9.15亿美元）。

日本在福岛事故后为核燃料循环设施制定的新安全标准于 2013 年下半年正式生效。新安全标准对各种燃料循环设施设定了不同的要求，但通常包括加强应对地震和海啸（某些地区还包括龙卷风、火山爆发和森林火灾）等自然灾害的措施。日本原子能研究开发机构表示，东海村后处理厂的首个部分即将乏燃料转变为溶液的设施将会很快关闭，而第二个部分即溶液处理部分将继续运行约 20 年时间，以便对目前贮存在该设施的约 110 吨未经处理的乏燃料溶液进行处理。

27.2 设计特征

东海村后处理厂生产出来的中、低放废物（其中包含有硝酸钠、亚硝酸钠、碳酸钠、碳酸氢钠等盐类）被送到沥青固化示范设施。

世界上，比利时、德国、法国、瑞典、瑞士、英国、苏联和日本都开展了放射性废物沥青固化。它们分为三种类型：分批、连续挤压和连续薄层蒸馏。我国也开展了相关研究和试验[87]。

BDF 于 1976—1978 年设计，1979 年建造，1981—1982 年冷试车，1983 年开始热运行。沥青固化工艺采用螺杆挤压工艺。至 1996 年底，已固化废物近 3 万桶。主要设备和主要辅助设备设在一座加强混凝土大楼（54 米×14.5 米）中，大楼为地面 4 层，地下 2 层，建筑面积约 850 平米。主要工艺过程采用遥控操作。见图 111。

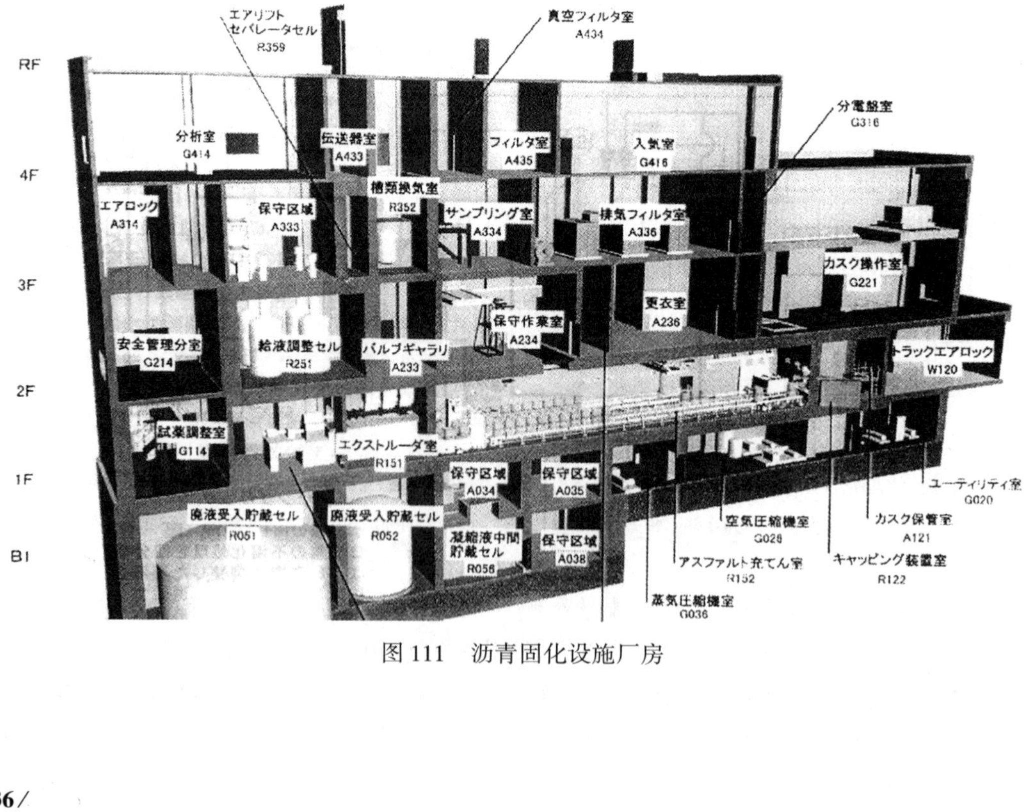

图 111　沥青固化设施厂房

BDF 工艺过程的流程图如图 112 所示。

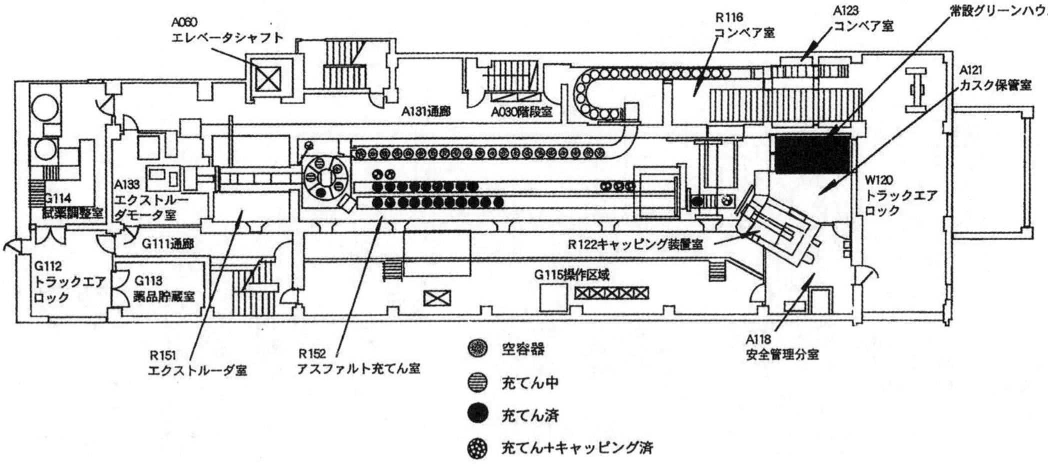

图 112　沥青固化流程图

在 BDF 工艺中，所处理的废物是东海村后处理厂产生的中放蒸发浓缩液、低放蒸发浓缩液和化学泥浆。废物的主要成分是硝酸钠，亚硝酸钠含量约为硝酸钠含量的 1/10，并含有少量其他裂变产物和锕系元素。见表 9。

表 9　沥青固化桶放射性核素的活度

核素	含量/GBq
$^{134,137}Cs$	30
$^{103,106}Ru$	3
^{129}I	0.05
^{241}Am、Pu、超铀元素	1
其他（包括 ^{90}Sr）	2

设施开端是接收容器 V21（包括中放废物和低放废物），首先将贮存在 V21 中的废物（蒸发浓缩物）转移到两个容器（V30/V31，50 ℃）之一来预处理。两条路线可交替使用。每批处理约 4 立方米的废物。见图 113。

处理前需要对中放废物进行化学预处理，见表 10，包括：

表 10　沥青固化物中所含的盐分

盐分	含量/（g/L）
$NaNO_3$	200~300
$NaNO_2$	0~50
Na_2CO_3	10~80
NaH_2PO_4	0~50

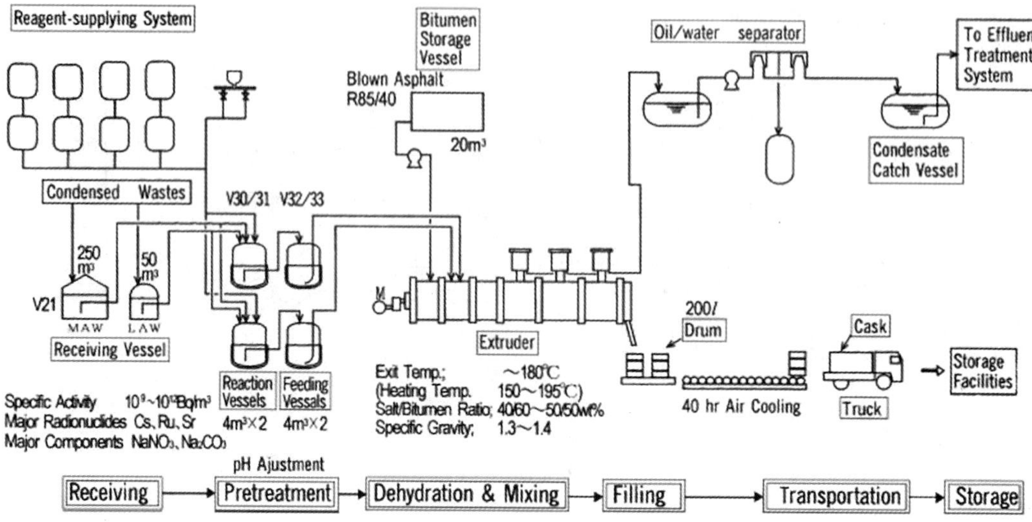

图 113　沥青固化示范设施工艺流程图

（1）加 NaOH 进行中和，使重金属离子以氢氧化物沉淀。

（2）加 $BaSO_4$ 以共沉淀锶-90。

（3）加 $Ni_2Fe(CN)_6$ 等以共沉淀铯-134 和铯-137。

（4）共沉淀 ^{129}I。

随后将 pH 值调节至规定值 9.0。对低放废物来说，在沥青固化以前只调节其 pH 值。

随后将已处理的废物通过容器（V32/V33，50 ℃）进入到挤压机。挤压机是德国 Werner&Pf1eiderer 公司生产的，4 个搅拌轴直径 120 毫米，长为 5262 毫米。

废物脱水以及脱水产物与沥青的混合由挤压机在 7 个区域进行。

在挤压机的第 1 区加入沥青，以确保螺杆的润滑；在第 2 区加入废物。沥青和废物的流量是预先计算好的并加以保持，以确保沥青固化最终产品具有预期品质。

第 3 区负责加热，4~6 区设置 3 个蒸发室和冷凝器，可以清除蒸发出来的水。蒸发的水分冷凝后收集起来，以便进一步处理。这样，混合物在第 3~6 区，以 200 升/小时的速度，在约 170~187 ℃的条件下把废物中所含的水分蒸发出来，而剩下的盐物质则均匀分布在沥青基体中。

第 7 区是填充室，在那里沥青和盐废物的固体混合物在大约 180 ℃下浇注在转盘上的 200 升钢桶中。浇注需要分步进行，浇注一桶沥青约需 2 小时。通常每批填充 10~12 个桶。

已浇注好的桶在填充室中在大约 50 ℃的环境温度下自然冷却 40 小时。冷却后，用纯沥青把桶封顶，然后加盖。最后遥控操作装卸设备把这些桶运往建造好的混凝土贮存装置。

27.3　事故进程

沥青固化示范设施自开始运营以来，由于遵守操作规程及安全准则，无事故安全生产已有十多年。但在 1997 年 3 月 11 日上午 10 点，该设施在处理低放射性液体废物后发生了火灾和爆炸事故。

10:06，操作区 G115 的工作人员通过 M311 发现沥青填充室（编号 R152，地板面积：26.6 米×4.7 米，天花板高度：4.25 米）着火。一位现场工作人员通过窥视口 M312 看见，大约 2 米高的火焰柱从房间内一个桶上升起，几十秒后，周围多个桶上都出现火柱。

10:08，换气系统温度探测器报警。

10:10，BDF 自动火警报警。此时填充间烟雾弥漫，火势无法观察。

10:12，现场操作员打开喷水阀，随后启动水喷雾系统，喷水约 1 分钟后，室内的火渐渐看不见了，只有烟从机械手穿孔继续冒出。工作人员认为火已熄灭，所以停止了喷水。期间用水约 3 立方。

10:13，控制室 β 监测报警，随后控制室 G218 换气系统异常报警。ESD（Emergency Shut Down）动作，挤压机关闭。

10:14，维修室 β 监测报警。

10:15 左右，环境管理现场指挥所启动。

10:18，控制室风机突然停运。

停止灭火后室内虽然充满了烟雾，但却再没有进行更进一步的灭火活动。

填充室内也有二氧化碳灭火器，但却没有使用。

起火后几分钟，该区域和辐射屏蔽区域的通风系统中的风机出现故障，事后调查发现沥青物着火产生的油烟造成过滤器堵塞。

10:23，BDF 所有风机停运，通风功能丧失。

填充室里有 31 个已装入沥青的桶（容积为 200 升）。由于火灾使温度进一步升高的沥青便产生可燃性气体，这便给发生爆炸提供了可能。

10:32 左右，现场指挥所发布人员退避指示。

10:38，电话通知相关机构（中央、当地、PNC 总部）。

13:34，第一班人员（1 名当地消防员和 2 名操作员）进入现场，确认灭火情况。

13:43，消防员退出现场。

15:15，第二班进入确认放射性情况。

15:28，第二班退出。

20:04（火被认为扑灭后约 10 小时后），BDF 突然发生爆炸。

20:15 左右，TRP 发布停运通知。

爆炸造成了构筑物中度破损，窗户被冲碎，烟气逃逸到外部，放射性物质也随着烟雾释放到周围环境中。烟气持续冒出，说明 R152 房间可能仍在起火。

23:20，无可见烟雾从构筑物中冒出。

27.4 事故应对

3 月 12 日 1 时，BDF 周围有 9 个监测点，爆炸后中有 3 个小时发现铯-134 和铯-137 增加，随后动燃事业团宣布 BDF 周围部分区域限制出入。

3 月 13 日，工人紧急修理了在爆炸期间被损坏了的窗户和门，封闭构筑物。

3 月 19 日，区域控制解除，开始去污工作。

3 月 20 日，测量废物桶表面温度，发现已接近室温。

3 月 25 日，动燃事业团宣布未发生其他爆炸。

4 月 4 日，临时性通风系统开始试运行，检测填充室的可燃气体，显示没有再爆炸的危险。

其他主要整治工作包括：扩大临时通风范围；维修安全监测系统，监测污染情况；去污和维修损坏的通风系统；移出灌装间的沥青固化桶；除去螺杆挤压机中残留沥青物。

事故后对当时工作在该区域的 112 名人员进行了全身剂量检查。

27.5 事件分级

该事件根据评估结果被评为国际核事件分级表 3 级。

按“深度防御”准则，由于设施的包容功能丧失，这一事件可被评为 2 级，这是该设施可能的最高事故水平。但由于缺乏足够的安全措施，及过去类似事故相关知识未得到充分认知和吸取等原因，分级被提升至 3 级。

27.6 火灾事故调查

这次事故是日本核能发展历史上当时最严重的事件之一，事故发生后，日本科技省核安全机构组织了 10 人调查委员会，由名古屋大学名誉教授金川昭教授主持，经过 9 个多月的工作，12 月 15 日调查报告发布，对事故原因进行了详尽的调查。在委员会的报告中，详细描述了损害和间接原因。有证据表明：点燃源是沥青固化废物（沥青盐混合物）。

虽然点燃源是 ASM，但事故的根本原因仍需调查。

该核废物处理设施运营十多年以来，未发生安全生产事故。但在 1997 年 3 月上旬，该机构的部分人员启动了一个“97-M46-1 促生产行动”，在未开展任何安全论证的前提下，未审批而调整了废物成分及沥青固化生产工艺条件[88]。经调查，该行动的目的是提高桶填充的效率。事故发生时处理条件与原条件相比有以下不同。

（1）在普通核废液（中放废物）中间隔添加了磷酸盐的浓缩废液（ST 废物）；

（2）输向螺压机的核废液的输送速度由原来的 200 升/小时降低到 160 升/小时；

（3）核废液搅拌后立即向螺压机输送（通常搅拌后 1 天多进行转移）。

事故当天，控制 pH 值所添加的中和剂也比以往要多。工作中，挤压机内的温度升至比通常的温度水平要高，沥青看上去比平时似乎流动性大，并从填充桶中释放出蒸汽。

在冷却和贮存过程中由于沥青和硝酸盐、亚硝酸盐的氧化还原反应而发热，再加上沥青固化物的导热性很差，高热容量造成系统的热量积累，温度不断升高，在装罐后20小时发生了沥青盐混合物达到着火程度，而引发了火灾。

调查小组成员说，火灾爆发的直接技术机理尚未得到阐述，这在调查报告属于中长期计划中要解决的问题。

对于爆炸本身，调查认为，这是一次气体爆炸。

气体爆炸需要有三个条件：1）释放可燃性气体；2）气体燃料和氧混合；3）有点火剂。

BDF着火之后，喷火灭火1分钟，火虽然扑灭了，但没有降温，桶内继续进行放热反应和释放可燃气体，主要组分是H_2、CO、CO_2和其他羟类化合物。灌装间通风虽然停止，但设备室排风进入灌装间提供了部分氧，在灌装间形成燃爆性气体。转盘上沥青固化产品自着火可能是点火剂。

爆炸后调查发现，填充室和螺杆机间屏蔽板倒向填充室。分析认为，可能填充室和螺杆机室差不多同时发生爆炸，因为燃烧物从通风管道进入螺杆机室，螺杆机室比填充室小6倍，所以螺杆室爆炸压力大。R151发生爆炸。

根据温度计记录，在爆炸后10~20分钟后，出现了温度急剧上升400 ℃的现象，判断又发生了一次火灾。

通过18个月的大量工作，BDF的着火和爆炸原因已基本清楚，但动燃事业团还在对以下问题做进一步调查研究：1）详细调查在灌装间未着火的桶和螺杆挤压机中的物料，详细分析料液和沉淀物；2）仔细分析第一着火桶的热行为，着火桶之间的相互影响和作用；3）研究化学反应，反应活化因素；4）用小螺杆机试验低加料速率和高盐/沥青比对着火/爆炸事件的影响。

事故后，针对相关机理，我国学者和日本学者开展了相关研究，得出的结论是，“可以肯定，核废液的成分以及沥青固化处理工艺条件的改变，是直接导致该固化处理中心的火灾爆炸事故的主要原因”[89,90]。

27.7 事故中人因差错

固化过程中，值班操作员发现挤压机的一部分装置很热，他曾企图通过冷却来抑制温度升高，但并未成功。

操作员描述，当混合物装入金属桶时，它比平常的时候更柔软。填充后还似乎有一股白色烟气从金属桶冒出升起。

东海事业所的小山兼二副所长承认：“也许灭火时使用的水太少，熄灭火势到底到了何种程度没有确认，这有点失职。”因此可以说，爆炸事故与灭火活动及熄火确认的不彻底有很大关系，有可能是火灾的残留热引发了爆炸。

对于还有烟但却停止喷水，小山兼二解释道：“也许因为当时值班的工作人员想到洒到填充室的水会变成放射性废液，其处理起来比较困难。”[91]

据查，该厂没有开展启动喷水进行灭火活动的相关训练。

27.8　火灾损伤

火造成的冲击从 R152 房间辐射出来，传到 BDF 大楼的各个方向，其中部分分隔墙，可拆卸的屋顶和厚钢门被吹倒。在 R152 房间正上方的损坏最大的房间（A235）中，钢筋混凝土墙向外弯曲，钢筋暴露在外。

BDF 大楼（4 层建筑并有 2 个地下室，面积约为 14.5 米×54 米）的各处设备、门、窗、百叶窗、窥视窗等均遭到损坏。通风系统也被损坏，管道被吹弯曲，连接头断裂，过滤器被严重损坏，活动天花板和天窗掉下来，由此而压坏了一些设备等。放射性物质限制功能被部分毁坏（图 114）。

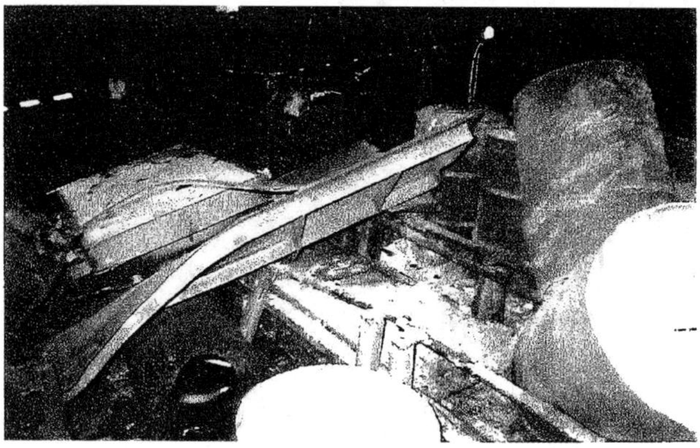

图 114　着火/爆炸之后厂房整治工作用了 18 个月
（1997 年 3 月—1998 年 9 月）

事故未造成重大的人员伤亡。

该事故严重影响“普贤”堆燃料处理，间接影响快堆进展，影响闭式燃料循环的开发，即日本现行的核能基本政策对包括乏燃料后处理在内的核燃料循环的建立产生负效应。

27.9　放射性影响

BDF 周围设置有 9 个监测站和监测点。爆炸发生后，在 3 个监测点监测到 ^{134}Cs 和 ^{137}Cs 有所增加。

事故后对 PNC 东海村工厂中 129 名可能已经接触到放射性物质的人进行了调查。在 37 人的身体中检测到非常少量的放射性 ^{134}Cs 和 ^{137}Cs，最大剂量分别为约 0.004 和 0.02 毫希（相当于年剂量当量限值的千分之一左右的量级）。人员的鼻擦拭试验未发现 α 放射性，表明没有吸入镅和钚。

PNC 对现场和场外环境进行了监测。事件发生一周后，气象官员在工厂西南部 40 公里内发现异常高水平的铯。核安全委员会（NSC）1997 年 3 月 31 日召开专家会议，评价监测结果。结果证明，放射性释放对环境或公众健康没有造成影响。根据对周围环境的监测数据，日本原子能研究机构（JAERI）估算，爆炸后释放到环境的铯-137 的量约为 1×10^9 贝克，或约为设施内沥青含有的 β 核素总量的 0.2% ~0.3%[92]。

对公众的剂量约为 $10^{-3}\sim10^{-2}$ 毫希。事故后厂房整治工作用了 18 个月，参加人数约 72 000 人，集体剂量约为 0.27 人·希沃特。

相关科研机构也对事故的环境影响开展调查和研究。3 月 10—12 日在筑波气象研究所收集的空气过滤器样本中检测到 ^{134}Cs 和 ^{137}Cs，表明该地区居民也受到该事故的辐射暴露较少[92]。

事故发生后，我国相关技术人员也对该事故对我国环境的影响开展了调研，与历年同期的相关监测数据对比，结论是未发现明显变化，未对我国环境造成不利影响[93]。

27.10 营运单位后续影响

这起事故正发生在对“文殊”快堆 1995 年事故后的全面检查期间。遗憾的是，似乎未从“文殊”快堆事故吸取相关经验教训。PNC 未进行迅速、准确和适当的通报事故，而且事故报告中有部分不真实的陈述，也没有事故现场的照片[94]。

4 月 25 日，PNC 在向调查委员会澄清事故时，相关描述不完全，将事故起因指向工作人员未按规定操作[95]。

在事故处理进程中，当年 8 月，PNC 被媒体揭露 1982 年的一起对放射性泄漏事故应对无效的行为，再次给核能发展和核安全造成不利影响[96]。

事故调查委员会指出：须由第三方对 PNC 的结构、组织和体制进行一次彻底检查，并进行全面改组。为此，已成立了 PNC 改革调研委员会，以进行研究和再评价。

6 月，日本核工业界在日本原子工业论坛（JAIF）上一致同意该建议，并将此建议提交给科技厅。JAIF 说，非常遗憾，PNC 没有从 1995 年 12 月“文殊”事故中吸取教训，这次又重蹈覆辙。对最近的一起事故（即东海村放射性废物沥青固化厂发生火灾和爆炸事故）的“不适当处理”，已招致公众对核动力发展“越来越担忧和不信任”。

6 月，调查委员会发布事故中期报告。

随后一个政府的委员会对 PNC 的结构做了研究。1998 年 5 月，一份建立新的组织结构的提议得到认可。PNC 被改组为日本核燃料循环开发机构（JNC），新总裁为 Yusumasa Toga，该机构于 1998 年 10 月 1 日开始工作[97]（图 115）。

2014 年，由于满足新安全标准所需的设备改造费用过高，将永久关闭位于茨城县东海村的后处理设施[98]。

新的 JNC 的规模小于 PNC，部分管理职能转移到地方。向公众公开信息和增加透明度将是优先考虑的问题，这一点在提案中得到特别强调。

新总裁 Togo 说，JNC 的三项主要的研究和开发活动将包括：

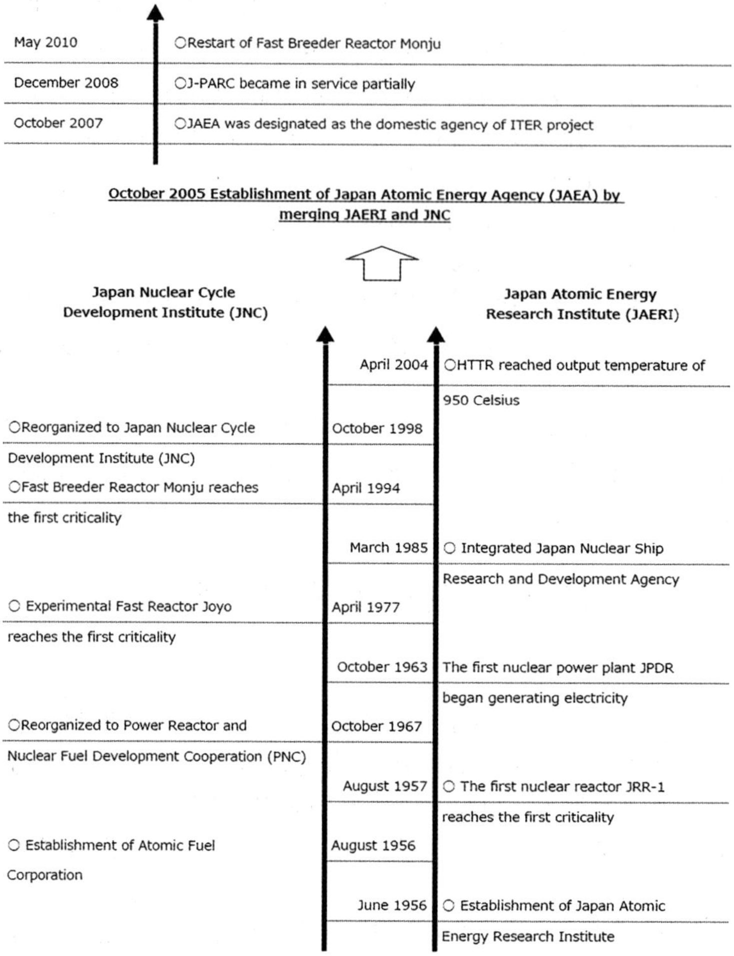

图 115　日本燃料管理机构变革图

（1）与快堆有关的燃料循环技术；

（2）高放废物（HLW）地质处置；

（3）低放废物（LWR）后处理。

JNC 将继续经营在东海村的后处理设施。它将按电力公司的需要与它们进行合作，该后处理厂在未来的主要活动将是开发用于后处理高燃耗乏燃料和 MOX 乏燃料的技术。

27.11　经验教训

BDF 着火爆炸事故的教训有：

（1）核安全文化素养不高，相关制度不健全，以及未经严肃论证更改工艺流程，是火灾事故和爆炸事故发生的根本原因。

（2）一系列的人员差错，包括填充阶段未能发现异常，是火灾事故发生的促成因素。

（3）灭火后未及时发现火灾起因并加以消除、灭火不彻底、火灾导致通风丧失等是爆炸事故发生的促成因素。

（4）消防培训不到位是灭火设备选择不当，灭火情况不清楚不彻底的直接原因。灭火后未核实是否消除火灾起因等是事故发生的促成因素。

（5）营运单位在火灾应对、事故经验反馈、事故紧急应对、公众交流和媒体沟通上都存在严重不足。

该事故是日本当时最严重的事故，虽然人员剂量和影响不大，但是多道安全防线被突破，故最后被定为 3 级事件。而且其经济损失巨大，社会影响很坏，甚至影响了日本的核能发展计划。

该事故是日本核工业界多年来的负面效应不断积累的结果。后来 1999 年东海村又发生了临界事故，造成 2 人死亡的 4 级事件；2011 年 3 月 11 日又发生了福岛第一核电厂事故；这些事故需要从业人员认真反思，只有不断提升人员安全文化意识，扎实提升安全水准，才能应对挑战。

28 法国比热伊核电厂事故

28.1 事故序列

1999 年 7 月 31 日周六凌晨 4 : 38，事故发生，该机组处于满负荷状态，没有任何干预。

第一个故障出现在位于泵站的支持低压交流应急电源 LLE 的 380V 系统 A 列的配电板上。

此故障会导致过载电流，该电流会在位于电气厂房包含 6.6 千伏的 LGA 交流系统的断路器（3LGA01JA）的配电盘柜中产生绝缘故障，并在 461L 室的 LGA 配电盘电源端子上引发短路。

这两个故障之间的延迟约为 1 秒钟（图 116）。

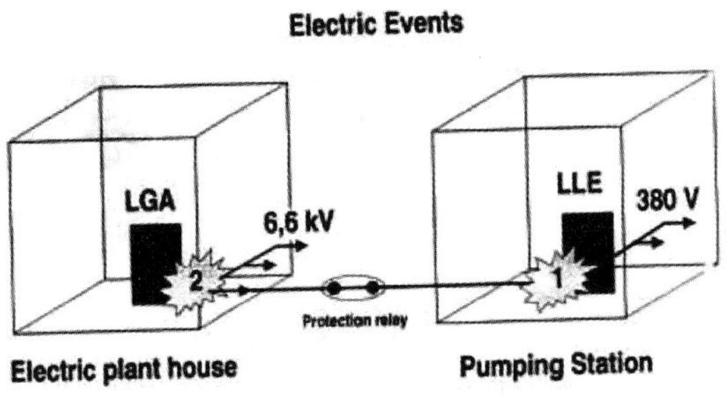

图 116　电气故障示意图

在 4 时 39 分 23 秒时，最初是在电气厂房 L461 房间中，触发火灾探测，其中导致 6.6 千伏以下的电路短路，释放大量烟雾和热量。

3 秒钟后，电气厂房消防系统 JPL 的洒水器通过破坏其可熔灯泡而被激活，从而提供防火保护。（短路的过电压导致穿过下层房间的电缆发生热解。）

在随后的 45 秒内，由于烟雾的传播，触发了另外 3 个火灾探测器，它们位于与包含故障机柜的房间相邻的两个防火分区中（图 117）。

4 时 40 分 11 秒时，控制室中出现了来自位于泵站 P141 室中的 PLE 的火灾探测器警报。

大约 4 时 55 分，安排一位巡检去 461L 室，并要求第二个干预小组开始行动。其于凌晨 5 点到达现场。

5 时 15 分，使用了对应的火警行动单时，第二干预小组人员在使用多个便携式灭火器（5 个二氧化碳和 1 个粉末灭火器）控制火势。然后其前往泵站进行巡视，并确认没有明显火势和燃烧气味。

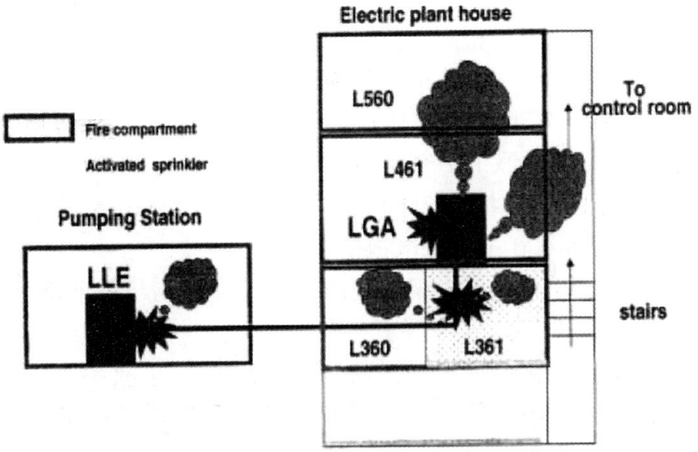

图 117　火灾分区及事故发生区域

5 时 20 分，第一个火灾警报发生 40 分钟后，致电寻求外部帮助。

5 时 45 分，开始对泵房进行干预。派往现场的工作小组确认该房间没有火。

28.2　事故分析

在法国电力公司提出的关于从比热伊事故中汲取教训的反思所作的假设中，法国辐射防护研究院 IRSN 特别指出了两点意见：

“电气故障的传播是系统地应用到‘优选’电路的，该现象最多会产生两个故障，最严重事故序列是导致 380 伏配电盘和 6.6 千伏配电盘或两个 6.6 千伏配电盘的故障。”

“考虑到它的传播方式和特定于单个变压器绕组的事实，这种现象不能同时影响 A 通道面板和 B 通道面板。”

此外，在比热伊现场进行的事故概述中，提到 LGA 重新通电 4 天后，机房中 LGA 的电源电缆起火，其位置位于配电盘和变压器之间。法国电力公司提出了电缆中先前存在的弱点的解释，而这种弱点在最初的故障期间不会被克服。

关于 IRSN 第一个陈述，6.6 千伏网络的中性点系统是所谓的“隔离中性点”系统，它不会触发第一个故障的保护。绝缘监控自动检测出第一个故障，并通过警报发出信号。如果未找到并消除故障，则当出现第二个故障时，两相故障电流会通过接地回路流回，并流向这两个故障的位置，并导致保护装置因过电流而跳闸。最关注下游，因为延迟最少（时间歧视）。

但是，如果由初始故障（由于短路电流引起的电缆跳动而导致的绝缘故障在时间上的成功）或其他相的电势上升而产生了几个绝缘故障（典型的情况是一相接地），则故障电流总是借用优先电路，如果涉及所有三相，则最多有 3 个故障（每相 1 个）。该故障电流使故障回路中最下游的两个保护装置因过流而跳闸，因为所花费的时间最少，从而仅留下一个故障相（在隔离中性模式下为第一个故障的情况）。

为了在 3 个绝缘故障导致的三相短路故障中使 2 个以上的面板断电，有必要假设一个以上的保护失效。该假设超出了单一故障准则的应用范围。

关于 IRSN 第二种陈述，辅助变压器（TA）或牵引变压器（TS）各自具有 2 个次级绕组，因此在分别与这 2 个绕组关联的 2 个网络之间提供电流隔离。一个绕组特别是通过 LGA 配电板为与通道 A 相关的 LHA 后备 6.6 千伏配电板供电，另一绕组特别是通过 LGB 配电板为与通道 B 相关的 LHB 后备 6.6 千伏配电板供电。

考虑到其传播方式，在导入过程中观察到的现象仅会影响与单个绕组相关的表，并因此影响单个通道。

关于法国电力公司提出的解释，根据该解释，电缆存在事故中突出的现有弱点。IRSN 认为这种新电缆之间确实存在因果关系，事故发生几天后发现了故障，而 LGA 上的三相故障在事故期间仍由交流发电机供电 10 秒。

如果在提供 LGA 柜上游的三相故障的 10 秒内发现了该绝缘故障，则故障电流最好通过该三相故障流回，这样就不会引起机房中的电缆新的起火。

28.3 相关规定说明

法国电力公司指出，在 RCC-Ⅰ和《消防指令》中出现的假设是：“不考虑由独立原因造成并影响同一机组或不同机组厂房的两次或以上火灾的同时发生。

法国电力公司认定发生在 LLE 和 LGA 配电板上的，导致两个几乎同时发生的起火的两个事件不是独立的，来证明上述要求是正确的，即使其是电气连接的。

关于这一点，IRSN 同意这两个故障是由相同的原因造成的，但也不会质疑 RCC-Ⅰ和《消防指令》中的假设。

但是，应该强调的是，在防火设计中，并未考虑到在同一安全防火分区 VFS 中由相同原因导致的两次火灾的发生，而上述原因并未排除上述两种情况。

28.4 同类设备反馈

油断路器，尤其是存在于 LGA 系统的 6.6 千伏配电盘中的设备，是为法国电力公司所有 900 兆瓦核电厂配备的设备。这种老式材料存在着火甚至爆炸重大风险。

1996 年 10 月 31 日，与比利时 900 兆瓦压水堆机组（蒂昂热核电厂 1 号机组）相同的油断路器发生爆炸。这场极其剧烈的爆炸，一方面造成了人员死亡以及重大的财产损失（墙壁倒塌、门撕裂等），另一方面引起了火灾。

最近，这种类型的断路器于 2001 年 9 月 18 日在格拉夫林核电厂 4 号机组上启动主泵时发生爆炸。在这种情况下，接点处存在的部分油（33 升中的 10 升）燃起大火。在机组停机期间，已检查了此断路器的正常运行。

断路器老化会导致这些故障的加剧，因此必须从延长设备使用寿命的角度考虑。鉴于它们在900兆瓦核电机组的电气厂房中的大量安装（每个机组约有数十个）会带来巨大的潜在风险，因此应特别注意。

应当指出的是，可能导致重大火灾的设备损坏有时是由细微的缺陷引起的。因此，1990年10月30日，克鲁斯-梅斯核电厂4号机组LHB配电盘中6.6千伏接触器发生短路，引发火灾。该故障的原因是由于老化降级。

法国电力公司不接受这样的假设：在LGA中，绝缘计电容器的爆炸是事件的起因。

迄今为止，大多数900兆瓦系列的PWR机组已经运行了20多年。法国电力公司表示，在油断路器方面，其所掌握的专业知识使其无法认为该事件与设备的老化或检查之间的时间间隔过长有关。法国电力局规定，为防止该事件再次发生，已采取了抵抗和清洁措施。此外，法国电力公司要求每20年更换一次每块板上的电容器，这表明正在对相应的基本预防性维护计划进行更新。

28.5 相关操作规程说明

法国电力公司指出，该事件的经验反馈突出显示了通道A面板上出现的故障可能导致位于单独A通道VFS中的电气设备退化的可能性。

在相同的情况下，考虑到B通道面板上的初始故障，结果可能会丢失B通道面板（例如LLE）和称为“在设计上安装在A通道的VFS中。如果该VFS对I.4.D控制程序负责，则该程序尚不适用于当日的设备。事故发生时，如果不能再保证将撤出至安全状态且未采取防火措施所需的最小操作装置（MMC）可用，操作人员可以要求关闭整个A通道。在B通道VFS中。”

这种分析导致法国电力公司重新考虑I.4.D程序的进入条件，以防止其过快应用，并且没有事先验证MMC的可用性，从而导致H1或H3类型的设计基准以外的情况。这导致了火灾指导文件（DOI）索引的增加，该索引定义了火灾期间控制团队要执行的要求以及维护或恢复安装所要采取的措施以处于安全状态。

28.6 其他考虑

在查阅事故场景资料后发现，似乎在控制室中对火灾警报的关注有所延迟。实际上，在4:38到4:39之间触发了一些火灾警报（BL和泵站的4米和7米层）以及洒水警报（在4米层的电缆层之间）。直到4.55（即16分钟后）才呼叫第二个响应小组和派遣人员来观察BL。见图118。

此外，直到凌晨5:15，即警报发出后超过35分钟，才决定派遣观察人员到距BL几十米的泵站。

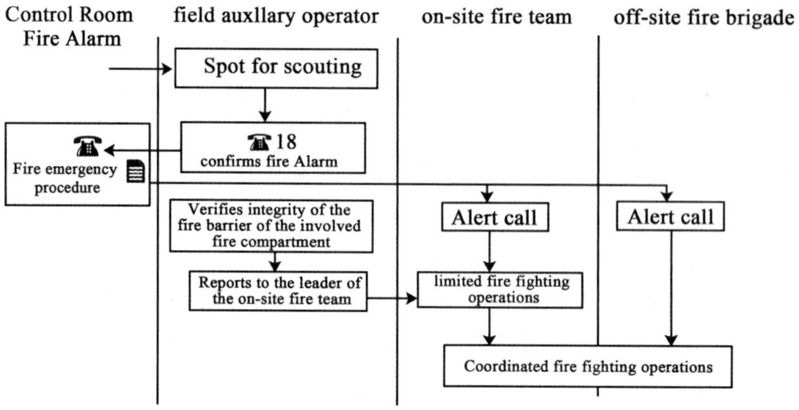

图 118　消防程序示意图

这些延迟可以通过以下事实来解释：在事件发生时，控制室中的操作员倾向于紧急停堆停机，这是非常重要和急迫的，从而不利于火灾处理。

压水堆机组控制室当前使用的说明中没有明确规定操作员如何处置连续发生的几次火灾报警。

附件1 《中华人民共和国消防法》(节选)

中华人民共和国消防法

《中华人民共和国消防法》已由中华人民共和国第十三届全国人民代表大会常务委员会第十次会议于2019年4月23日通过，现予公布，自本决定公布之日起施行。

第一章 总则

第一条 为了预防火灾和减少火灾危害，加强应急救援工作，保护人身、财产安全，维护公共安全，制定本法。

第二条 消防工作贯彻预防为主、防消结合的方针，按照政府统一领导、部门依法监管、单位全面负责、公民积极参与的原则，实行消防安全责任制，建立健全社会化的消防工作网络。

第三条 国务院领导全国的消防工作。地方各级人民政府负责本行政区域内的消防工作。

各级人民政府应当将消防工作纳入国民经济和社会发展计划，保障消防工作与经济社会发展相适应。

第四条 国务院应急管理部门对全国的消防工作实施监督管理。县级以上地方人民政府应急管理部门对本行政区域内的消防工作实施监督管理，并由本级人民政府消防救援机构负责实施。军事设施的消防工作，由其主管单位监督管理，消防救援机构协助；矿井地下部分、核电厂、海上石油天然气设施的消防工作，由其主管单位监督管理。

县级以上人民政府其他有关部门在各自的职责范围内，依照本法和其他相关法律、法规的规定做好消防工作。

法律、行政法规对森林、草原的消防工作另有规定的，从其规定。

第五条 任何单位和个人都有维护消防安全、保护消防设施、预防火灾、报告火警的义务。任何单位和成年人都有参加有组织的灭火工作的义务。

第六条 各级人民政府应当组织开展经常性的消防宣传教育，提高公民的消防安全意识。

机关、团体、企业、事业等单位，应当加强对本单位人员的消防宣传教育。

应急管理部门及消防救援机构应当加强消防法律、法规的宣传，并督促、指导、协助有关单位做好消防宣传教育工作。

教育、人力资源行政主管部门和学校、有关职业培训机构应当将消防知识纳入教育、教学、培训的内容。

新闻、广播、电视等有关单位，应当有针对性地面向社会进行消防宣传教育。

工会、共产主义青年团、妇女联合会等团体应当结合各自工作对象的特点，组织开展消防宣传教育。

村民委员会、居民委员会应当协助人民政府以及公安机关、应急管理等部门，加强消防宣传教育。

第七条 国家鼓励、支持消防科学研究和技术创新，推广使用先进的消防和应急救援技术、设备；鼓励、支持社会力量开展消防公益活动。

对在消防工作中有突出贡献的单位和个人，应当按照国家有关规定给予表彰和奖励。

附件 2 《核动力厂防火与防爆设计》

核安全导则 HAD 102/11—2019

核动力厂防火与防爆设计

（国家核安全局 2019 年 12 月 31 日批准发布）

国家核安全局

核动力厂防火与防爆设计

（2019 年 12 月 31 日国家核安全局批准发布）
本导则自 2019 年 12 月 31 日起实施
本导则由国家核安全局负责解释

本导则是指导性文件。在实际工作中可以采用不同于本导则的方法和方案，但必须证明所采用的方法和方案至少具有与本导则相同的安全水平。

1 引言

1.1 目的

1.1.1 本导则是对《核动力厂设计安全规定》（HAF 102，以下简称《规定》）中有关条款的说明和细化，为核动力厂设计单位和执照申请者提供关于核动力厂内部防火与防爆设计的指导。

1.1.2 本导则的附件为参考性文件。

1.2 范围

1.2.1 本导则适用于陆上固定式热中子反应堆核动力厂。对于其他类型的核动力厂，其内部防火与防爆设计可参照本导则，但应进行针对性评价。

1.2.2 本导则只涉及为保护核动力厂安全重要物项而采用的内部防火与防爆设计措施，不包括对核动力厂消防、人员安全防护和财产保护的一般要求。

1.2.3 本导则防爆相关内容为对核动力厂系统和部件释放出的易燃液体和气体所致爆炸的防护，不涉及对系统和部件自身爆炸的防护。系统和部件应通过自身设计解决其防爆问题。

2 总则

2.1 概述

2.1.1 《规定》对核动力厂消防系统提出了基本要求。在核动力厂安全重要构筑物、系统和部件的设计和布置中，应尽可能降低内、外部事件引发内部火灾与爆炸的可能性，缓解其后果。应保持停堆、排出余热、包容放射性物质和监测核动力厂状态的能力。应通过采用多重部件、多样系统、实体隔离和故障安全的适当组合实现下述目标：

（1）防止火灾发生；

（2）快速探测并扑灭确已发生的火灾，从而限制火灾的损害；

（3）防止尚未扑灭的火灾蔓延，使其对执行重要安全功能系统的影响减至最小。

2.1.2 核动力厂的防火设计应符合以下要求：

（1）将火灾发生的概率降至最低；

（2）通过自动和/或人工消防的组合达到火灾的早期探测和灭火；

（3）通过防火屏障和实体或空间隔离防止火灾蔓延。

2.1.3 防爆设计应按以下步骤实施：

（1）防止爆炸发生；

（2）如果爆炸环境不可避免，应将爆炸的风险减至最小；

（3）采取设计措施限制爆炸后果。

在步骤（1）、（2）都不能实现的情况下，应采用步骤（3）。

2.1.4 在核动力厂设计中，应设置多重安全系统，避免假设始发事件（如火灾或爆炸）妨碍安全系统执行规定的安全功能。当安全系统的多重性和多样性降低时，应强化每一重安全系统免受火灾和爆炸影响的保护措施。火灾方面，一般可通过非能动防护、实体隔离的改进，和/或使用更多的火灾自动报警系统和灭火系统来实现。

2.1.5 应根据以下假设开展防火设计：

（1）火灾可发生在任何有固定或临时可燃物料处；

（2）同一时间只发生一场火灾，随后出现的火灾蔓延应被认为是该单一事件的一部分；

（3）火灾可发生在核动力厂任何正常运行状态下。

另外，应考虑火灾和其他可能独立于火灾的假设始发事件的组合（见 2.5 节）。

2.1.6 应进行火灾危害性分析以证明核动力厂设计满足 2.1.1 节所述的安全目标。3.5 节给出了火灾危害性分析的范围和指导。

2.2 火灾预防

2.2.1 核动力厂的火灾荷载应保持在合理可行的最小值，应尽可能采用不燃材料，否则应采用阻燃材料。

2.2.2 应将点燃源的数目减至最少。

2.2.3 核动力厂各系统的设计应尽可能保证不会因其失效而引起火灾。

2.2.4 对于功能失效或故障可能引起不可接受的放射性物质释放的安全重要物项，应采取相应的保护措施使其免受雷击等自然现象所引起火灾的危害。

2.2.5 应采取设计措施妥善贮存运行中的临时可燃物料，使其远离安全重要物项，或采取必要的保护措施。核动力厂运行阶段防火方面的指导见核动力厂运行防火安全的相关导则。

2.3 火灾自动报警和灭火

2.3.1 应设置火灾自动报警系统和灭火系统，以及火灾危害性分析确定的其他必要系统（见 3.5 节）。火灾自动报警系统和灭火系统应在发生火灾时及时报警和/或迅速灭火，并把火灾对安全重要物项和工作人员的不利影响降至最低。

2.3.2 灭火系统在必要时应能自动启动。灭火系统的设计和布置应保证其运行、破裂或误操作不影响安全重要构筑物、系统和部件的功能，不损坏临界事故的防护措施，不同时影响多重安全系列，确保为满足单一故障准则而采取的措施有效。

2.3.3 应考虑灭火系统发生故障的可能性。应考虑来自防火区相邻位置或相邻防火小区中系统流出物的影响。

2.3.4　为保证人工灭火行动顺利实施，应设置适当的应急照明和通信设备。

2.4　火灾包容和减轻火灾后果

2.4.1　应将安全系统的多重部件充分隔离，以保证火灾只会影响安全系统某一系列，而不会妨碍冗余设置的另一系列执行安全功能。可将安全系统的每个冗余系列置于独立的防火区内，或至少置于独立的防火小区内以实现上述目标（见 3.3 — 3.4 节）。应将防火区之间的贯穿部件数量减至最少。

2.4.2　应针对包含安全系统的所有区域，以及其他对安全系统构成火灾危害的部位分析假想火灾的后果。分析中应假定假想火灾所处防火区或防火小区内所有安全系统的功能全部失效，除非该安全系统由经鉴定合格的防火屏障保护或能承受火灾后果。对于例外情况，应证明分析的合理性。

2.4.3　每一防火区中的火灾自动报警系统、灭火系统及其支持系统（如通风、排水系统等）应尽可能独立于这些系统在其他防火区中的对应部分，以保持相邻防火区内这些系统的可运行性。

2.5　事件组合

2.5.1　如概率安全分析能够证明某种极不可能发生事件的随机组合发生频率低至可以忽略，则这种事件组合可不作为假设事故考虑。

2.5.2　消防系统和设备的设计应考虑火灾和其他可能独立于火灾的假设始发事件的组合，并采取适当应对措施。例如，对于失水事故和独立火灾事件的组合，应考虑在事故后的长期阶段发生独立火灾，而不考虑在事故发生和缓解系统启动等短期阶段中叠加发生独立火灾。

2.5.3　一个假设始发事件不应导致危及安全系统的火灾。应在火灾危害性分析中确定可能导致火灾的原因，如严重的地震事件或汽轮发电机解体，必要时应采取特定的应对措施（如使用电缆包覆、火灾自动报警系统和灭火系统等）。在火灾危害性分析中，应特别注意高温设备和输送易燃液体、气体的管路失效的可能。

2.5.4　应识别出在假设始发事件的各种效应下仍需要维持其功能（如完整性，和/或功能性，和/或可运行性）的消防系统和设备，并对其进行适当的设计和鉴定，使其具备抵御假设始发事件影响的适当能力。

2.5.5　对于发生假设始发事件后无需维持其功能的消防系统和设备，其设计和鉴定应保证其失效方式不会危及核安全相关物项。

2.6　爆炸危害的防护

2.6.1　核动力厂应通过设计尽可能消除爆炸危害。设计中应优先考虑防止或限制形成爆炸性环境的措施。

2.6.2　应尽可能将可能产生或有助于产生爆炸性混合气体的易燃气体、可燃液体和可燃物料排除在防火区、防火小区、与防火区和防火小区相邻的区域、以及通过通风系统相联的区域之外。如不能实现，则应严格限制这些物料的数量并提供足够的贮存设施，并将活性物质、氧化剂和可燃物料相互隔离。易燃气体压缩钢瓶应妥善存放在远离主厂房的专用围场内，并根据所处局部环境条件提供适当保护。应考虑设置火灾自动报警系统、易燃气体自动探测系统和自动灭火系统，以防止火灾引发爆炸影响其他厂房内的安全重要物项。

2.6.3　应针对防火区、防火小区，以及爆炸对这些区域有明显危害的其他区域识别其爆炸危害。在识别爆炸危害中应考虑物理爆炸（如高能电弧引起的快速空气膨胀），化学爆炸（如气体混合物爆炸、充油变压器爆炸）和火灾引起的爆炸，还应考虑假设始发事件的效应（如易燃气体输送管道破裂）。

2.6.4 应选择适当的电气部件（如断路器），并通过设计限制电弧可能出现的概率、大小和持续时间，将物理爆炸的危害减至最小。

2.6.5 如不能避免形成爆炸性环境，则应采用适当的设计或制定必要的运行规程将风险减至最小，相关措施包括：限制爆炸性气体的体积、消除点燃源、足够的通风量、选择适用于爆炸性环境的电气设备、惰化、泄爆（如爆破板或其他压力释放装置）以及与安全重要物项隔离等。应识别在假设始发事件后需要维持功能的设备，并对其进行适当的设计和鉴定。

2.6.6 应通过隔离潜在火灾与潜在爆炸性液体和气体，或通过能动措施（如能提供冷却和蒸汽扩散的固定水基灭火系统）将火灾引起爆炸（如沸腾液体膨胀汽化爆炸）的风险减至最低。应考虑由沸腾液体膨胀汽化爆炸产生的冲击波超压和飞射物，以及在远离释放点位置点燃易燃气体导致气云爆炸的可能性。

2.6.7 应识别不能消除的爆炸危害，并采取设计措施限制爆炸后果（如超压、产生飞射物或火灾）。应根据 2.1.1 节的要求评价假想爆炸对安全系统的影响。还应评价主控室和辅助控制室运行人员的疏散和救援路线。在必要时应采取特定的设计措施。

3 厂房设计

3.1 概述

3.1.1 为保证在核动力厂设计中体现第 2 章所述的防火安全目标，本章对必要的设计活动进行说明。

3.2 布置和建造

3.2.1 在设计初期，应对厂房进行防火分区。防火分区将安全重要物项与高火灾荷载相隔离，并将多重安全系统相互隔离。通过隔离降低火灾蔓延风险，减小火灾的二次效应并防止共模故障。

3.2.2 厂房构筑物应具有适当的耐火能力。对于布置在防火区内或构成防火区边界的厂房结构部件，其耐火稳定性等级（承载能力）应不小于防火区自身的耐火极限要求。

3.2.3 核动力厂全厂（特别是反应堆安全壳和控制室内）应尽可能使用不燃或阻燃和耐热材料。

3.2.4 应在设计初始阶段为可燃物料及其在厂房中的位置建立清单。该清单是火灾危害性分析的重要输入，应在核动力厂整个寿期内不断更新。

3.2.5 应尽可能避免在安全重要物项附近布置可燃物料。

3.2.6 应设置足够的疏散和救援路线（见附件Ⅱ）。

3.3 防火区的应用：火灾封锁法

3.3.1 为体现第 2 章中所述的隔离原则，并将安全重要物项与高火灾荷载及其他火灾危害隔离，应优先考虑将多重安全重要物项布置在相互隔离的防火区内。这种方法称为火灾封锁法。

3.3.2　防火区是一个完全由防火屏障包围的厂房或区域。防火区防火屏障的耐火极限应足够高，即使其中的火灾荷载完全燃烧也不应破坏该防火屏障。

3.3.3　应将火灾包容在防火区内，防止火灾及其效应（如烟气和热量）在防火区之间传播，从而避免多重安全重要物项的同时失效。

3.3.4　防火屏障提供的隔离应可靠，不能因火灾作用在共用厂房部件（如建筑设备系统或通风系统）上的温度或压力效应而减弱。

3.3.5　鉴于任何贯穿部件都会降低防火屏障可靠性和总的效果，应将贯穿部件的数量减至最少。对于构成防火屏障一部分的通道封闭装置（如防火门、防火阀、安全壳闸门、防火封堵等）和防火区边界，其耐火极限至少应与防火屏障自身所需耐火极限相同。

3.3.6　对于采用火灾封锁法的防火区，应在火灾危害性分析确定有高火灾荷载的区域设置灭火系统，以尽快控制火灾。

3.3.7　应在火灾危害性分析中确定构成防火区边界的防火屏障的耐火极限，该耐火极限至少为 60 分钟。附件Ⅲ中提供了关于防火屏障和贯穿部件的相关信息。

3.4　防火小区的应用：火灾扑灭法

3.4.1　核动力厂设计中，防火要求和其他要求之间的冲突可能会限制火灾封锁法的应用。例如：

（1）在反应堆安全壳、控制室或辅助控制室区域，安全系统的多重系列可能会布置在同一个防火区中且相互靠近；

（2）使用建筑构件构成的防火屏障可能会过度地影响核动力厂正常活动（如核动力厂维修、接近设备和在役检查）的区域。

3.4.2　上述情况中，如不能使用防火区隔离安全重要物项，可将安全重要物项设置于分隔的防火小区中进行防护。这种方法称为火灾扑灭法。

3.4.3　防火小区是多重安全重要物项分别布置在其中的分隔区域，防火小区可能不具有完全包围它的防火屏障，因此应采取其他防护措施防止火灾在防火小区间蔓延。这些措施包括：

（1）限制使用可燃物料；

（2）设备之间采用距离分隔，且中间没有可燃物料；

（3）设置就地非能动防火措施，如防火屏或电缆包覆；

（4）设置灭火系统。

可以采用能动和非能动防火措施的组合以达到适当的防护水平，如可同时使用防火屏障和灭火系统。

3.4.4　应通过火灾危害性分析证明，在不同防火小区内防止多重安全重要物项失效的保护措施是充分的。

3.4.5　如防火小区间仅采用距离分隔进行防护，应通过火灾危害性分析证明辐射和对流传热效应不会破坏该分隔作用。

3.5　火灾危害性分析

3.5.1　应进行核动力厂火灾危害性分析，特别是要通过火灾危害性分析确定必要的防火屏障耐火极限以及火灾自动报警系统和灭火系统能力，以证明满足 2.1.1 节中的所有安全要求。

3.5.2 应在核动力厂初步设计阶段开展火灾危害性分析，在反应堆首次装料前进行更新，并在运行期间定期更新。

3.5.3 火灾危害性分析应以2.1.5节所述的假设为基础。

3.5.4 对于多机组核动力厂，防火设计中无需考虑在多个机组中同时发生相互无关的火灾，但在火灾危害性分析中应考虑火灾从一个机组蔓延到其他机组的可能性。

3.5.5 火灾危害性分析有以下目的：

（1）识别安全重要物项，确定安全重要物项每个部件在各防火分区内的位置；

（2）分析预计的火灾发展过程及其对安全重要物项造成的后果（应说明分析方法所用的假设和限制条件）；

（3）确定防火屏障（特别是防火区边界）所需的耐火极限；

（4）确定必要的非能动和能动防火措施；

（5）识别需要设置附加防火分隔或防火措施的情况，特别是对于共模故障，确保安全系统在火灾期间及之后仍能保持功能。确定必要的非能动和能动防火措施的范围，以分隔防火小区。

（6）验证防火设计满足了2.1.1节的要求。

3.5.6 应在火灾危害性分析中对火灾和灭火系统的二次效应进行评估，确保不会对核安全产生不利影响。

3.5.7 概率安全分析可作为确定论方法的补充。在核动力厂设计阶段，可以用概率安全分析识别火灾风险和对火灾风险分级，并用概率安全分析支持确定论方法得出的核动力厂布置和防火设计。

3.6 火灾和灭火系统的二次效应

3.6.1 火灾一次效应是在防火区和防火小区中火灾对安全系统的直接损坏。火灾二次效应是指火灾烟气和热量传播到防火区或防火小区以外的相关效应。本节对二次效应进行概述，减轻火灾二次效应的指导见第6章。

3.6.2 二次效应对安全的影响取决于所分析区域防火设计基础方法的选择（火灾封锁法或火灾扑灭法）。设计合理的防火区的防火屏障可以防止防火区之间二次效应的传播，但在防火小区之间可能发生二次效应的传播。二次效应举例如下：

（1）水喷雾导致液体中子毒物的过度稀释及其对第二停堆系统效果的影响；

（2）水喷雾对贮存中的有一定富集度的燃料临界安全的影响；

（3）水喷雾导致放射性物质的扩散而污染其他区域和排水系统；

（4）灭火系统在其正确动作或误动作喷放后的不可用；

（5）误启动一个灭火系统后产生的显著有害效应和其他灭火系统的不可用。在水基灭火系统中，这可能是因第一个系统启动引起管网中压力波动所导致；

（6）热量、烟气、水喷雾、水喷雾蒸发的蒸汽、雨淋或喷淋系统引起的水淹和泡沫液的腐蚀对安全重要物项的有害影响；

（7）电缆绝缘体燃烧产生的腐蚀性产物可能被带到远离初始火灾的潮湿环境区域，在初始火灾后若干小时或数天后导致可能的设备和构筑物腐蚀或电气故障；

（8）干粉化学灭火剂引起电气接头绝缘破裂或腐蚀，导致电气开关装置的故障；

(9) 二氧化碳灭火系统的喷放使温度突然下降或压力冲击，引起敏感电子设备误动作；

(10) 水喷放到高温金属部件上，造成温度突然下降；

(11) 水侵入到电气系统，引起短路或接地导致的故障；

(12) 设备或管道损坏导致的电气回路断路、短路、接地错误、电弧放电和附加能量输入；

(13) 由构筑物变形或坍塌引起的、并可能由（二次）爆炸产生飞射物而加重的机械损坏，以及对安全重要物项产生的附加荷载和高温流体释放；

(14) 烟气汇集和热量累积妨碍工作人员有效执行必要的职责（如在控制室）；

(15) 疏散和救援路线受阻。

4 火灾预防措施和爆炸危害控制

4.1 概述

4.1.1 核动力厂内包含一系列可燃物料，如部分构筑物、设备、电缆线路或贮存的各种物料。由于假设在核动力厂内任何存在可燃物料的区域都可能发生火灾，因此应在设计中对所有固定或临时的火灾荷载采取火灾预防措施。这些措施包括将固定可燃物料的火灾荷载减至最小、防止临时可燃物料的积累、控制或消除点燃源等。

4.1.2 应在核动力厂设计初期开始火灾预防措施的设计，并在核燃料到达厂区之前完成实施。

4.2 可燃物料控制

4.2.1 为了减少火灾荷载并将火灾危害降至最低，应尽可能考虑以下方面：

(1) 建筑材料（如结构材料、绝热层、覆盖层、涂层和楼板材料）和固定设施尽可能使用不燃材料；

(2) 使用不燃或难燃构造的空气过滤器和过滤器框架；

(3) 润滑油管线采用保护套管或双层管设计；

(4) 汽轮机和其他设备的控制系统使用难燃液压控制液；

(5) 厂房内部选用干式变压器；

(6) 大型充油式变压器设置在不会因火灾而导致过度危害的外部区域；

(7) 电气设备（如开关、断路器）和控制隔间、仪表隔间中使用不燃或阻燃材料；

(8) 多重系列开关柜之间、开关柜与其他设备之间通过防火屏障或防火区隔离；

(9) 使用阻燃电缆或耐火电缆（电缆火灾的防护见附件Ⅳ）；

(10) 设置防火屏障或防火区，将包含高火灾荷载电缆的区域（竖井或电缆敷设间）与其他设备隔离；

(11) 脚手架和工作台使用不燃材料制作。

4.2.2 应采取措施防止绝热材料吸收易燃液体（如油），设置适当的保护性覆盖或防滴落措施。

4.2.3 电气系统设计应尽可能不引发或助长火灾。

4.2.4 电缆应敷设在钢制桥架、电缆配管中，或其他可接受结构形式的不燃电缆支架上。动力电缆之间及电缆桥架之间的距离应足够大，以防止电缆过热。电气保护系统的设计应避免电缆在正常负荷和暂时短路情况下过热。安全重要物项的电缆应尽可能避免穿过高火灾危害的区域。

4.2.5 核动力厂厂房内易燃液体和气体的允许贮存量应最小化。包含安全重要物项的区域或厂房内不应储存大量的易燃或可燃物料。

4.2.6 易燃液体或气体的包容系统应具有高度完整性以防止泄漏，并应保护它们免受振动和其他效应的破坏。应设置安全装置（如限流、过流和/或自动切断装置以及围挡装置），限制发生故障时可能的溢流。

4.3 爆炸危害控制

4.3.1 氢气瓶、氢气专用容器以及供应管线应设置在与包含安全重要物项区域相隔离的室外通风良好区域。若布置在室内，设备应设置在外墙处，且与包含安全重要物项的区域隔离，并在贮存处设置通风系统，以保证在发生气体泄漏时维持氢气浓度远低于爆炸下限。应设置能在适当的低氢气浓度水平下报警的氢气探测设备。

4.3.2 应在氢气冷却汽轮发电机组处设置监测装置，以指示冷却系统中氢气的压力和纯度。在充、排气前应使用不活泼气体（如二氧化碳或氮气）清扫充氢气部件、相关管道和风管系统。

4.3.3 在核动力厂运行中存在氢气潜在危害处，应采取使用氢气监测设备、复合器、适当的通风、受控氢气燃烧系统、采用适用于爆炸性气体环境的设备等适当措施控制危害。在采用惰化措施的场所，应考虑在维修和换料期间火灾危害性的上升，并注意保证气体混合物在不可燃限值范围内。

4.3.4 适用时，应按照上述规定贮存和使用运行中大量需要的任何其他易燃气体，包括用于维护和维修工作的储气（如乙炔、丙烷、丁烷和液化石油气）钢瓶。

4.3.5 应在运行中可能产生氢气的蓄电池间设置独立的排风系统，直接排风至厂房外，使氢气浓度保持在低于燃烧下限的安全水平。蓄电池间应设置氢气探测系统和通风系统传感器，相关的氢气浓度接近燃烧下限水平、通风系统故障等应能在控制室报警和显示。应在蓄电池间布置和通风系统设计中防止氢气局部积聚。若蓄电池间通风系统中设有防火阀，应考虑其关闭对氢气积聚的影响。应考虑使用氢气释放量较少的蓄电池，但不能因此认为可以消除产生氢气的风险。

4.4 可燃物料控制的附加考虑

4.4.1 应迅速探测出固定装置内易燃液体或气体的显著泄漏，以便及时采取纠正行动。可使用固定式易燃气体探测器、鉴定合格的液位报警器或压力报警器，以及其他适当的自动或手动措施探测泄漏。

4.4.2 在核动力厂可能存在大量易燃液体的场所，应采取措施限制破裂、泄漏或喷溅造成易燃液体释放。应采用不燃墙体或堤围挡易燃液体罐、贮存区域或贮存库，该围挡应具有足够的容积，以容纳该场所易燃液体的所有储量和预计的消防泡沫或消防水量。在适用时，油管应包裹在连续的同心钢套管内或布置在混凝土槽中，以防止管道破裂时油的泄漏。应设置排放沟，将溢出的物料排放到安全位置，以限制向环境的释放并防止火灾蔓延。

4.4.3 应设置有适当耐火极限的贮存间，以容纳核动力厂运行所需的少量易燃液体。

4.5 防雷

包含安全重要物项的厂房或区域应设置防雷系统。防雷系统的相关建议和指导见核动力厂应急动力系统、仪表和控制系统的相关导则。

4.6 点燃源的控制

应控制源自于系统和设备的潜在点燃源，尽可能通过设计使系统和设备不产生任何点燃源。若存在点燃源，应将其封闭或与可燃物料相隔离以保证安全。应根据工作环境对电气设备进行选择和分级。应使输送可燃液体或气体的设备正确接地。对无法布置在其他位置的可燃物料附近的高温管网，应进行屏蔽和/或绝热。

4.7 多机组核动力厂

4.7.1 在多机组核动力厂的建造或运行中，应采取措施保证一个机组发生的火灾不会对邻近运行机组造成安全影响，必要时应采用临时防火隔离措施保护运行机组。

4.7.2 应考虑机组间共用设施发生火灾的可能性。

5 火灾自动报警和灭火

5.1 概述

5.1.1 为保护安全重要物项，核动力厂应随时具备火灾自动报警和有效控制火灾的能力，并可通过固定灭火系统与人工灭火能力的组合实现火灾控制。为保证防火区和防火小区有足够的防火安全水平，核动力厂设计中应考虑以下因素：

（1）火灾自动报警系统和灭火系统作为防火区或防火小区安全防火必须的能动部件，应严格控制其设计、采购、安装、验证和定期试验，以保证其可用性。灭火系统应包含在其所保护的安全功能的单一故障准则评价中；

（2）用于应对假设始发事件（如地震）后潜在火灾的火灾自动报警系统或固定灭火系统应能抵御该假设始发事件的影响；

（3）灭火系统的正常运行或误操作应不影响安全功能。

5.1.2 在核燃料到达厂区之前，所有火灾自动报警系统均应可用，并有充分可用的灭火设备保护核燃料在贮存和运输过程中不受火灾影响。在反应堆首次装料之前，所有灭火系统均应可用。

5.1.3 火灾自动报警系统和灭火系统的可靠性应与其在纵深防御中所起的作用相匹配。

5.1.4 火灾自动报警系统和灭火系统应易于接近，以便检查、维修和试验。

5.1.5 应将火灾自动报警系统和灭火系统的误报警和误喷放减至最少。

5.2 火灾自动报警系统

5.2.1 每个防火区或防火小区均应配备火灾自动报警系统（火灾探测器的具体指导见附件Ⅴ）。

5.2.2 应在火灾危害性分析中确定火灾自动报警系统的特性、布置、所需的响应时间和探测器特性。

5.2.3 火灾自动报警系统应通过声光报警在控制室中指示火灾位置。对于通常有人员活动的区域，还应设置就地声光报警。火灾报警信号应是独特的，不与厂内其他报警信号相混淆。

5.2.4 应为所有的火灾自动报警系统设置不间断应急供电，并在必要处设置耐火供电电缆，以确保在失去正常供电时不丧失功能。

5.2.5 应合理布置探测器，避免正常运行所需风量和压差造成的气流将烟气或热量带离探测器，从而使探测器报警的启动过度滞后。火灾探测器的布置应避免通风系统气流引发误报警。

5.2.6 在选择和安装火灾自动报警系统探测设备时，应考虑其工作环境（如辐射、湿度、温度和气流）。若由于环境原因（如强辐射水平或高温）不宜将探测器放置在需要保护的区域内，应考虑替代方法，例如用自动运行的远距离探测器对需保护区域进行气体采样分析。

5.2.7 自动灭火系统的启动应有信号指示。

5.2.8 若由火灾自动报警系统控制的消防设施（消防泵、水喷雾系统、通风设备和防火阀等）的误动作对核动力厂存在不利影响，应使用串联的两个探测信号控制这些消防设施运行。如果发现误动作，可操作停止系统运行。

5.2.9 火灾自动报警系统和灭火启动系统的配线应是：

（1）通过适当选择电缆类型、正确布线、环路结构或其他方法保护其不受火灾的影响；

（2）保护其不受机械损坏；

（3）连续监测其完整性和功能。

5.3 固定灭火系统

5.3.1 概述

5.3.1.1 核动力厂应设置固定灭火设备，其中包括人工灭火设备（如消火栓等）。

5.3.1.2 火灾危害性分析应确定自动灭火系统（如自动喷水系统，水喷雾系统，泡沫、细水雾或气体系统，干式化学系统）的需求。灭火系统的设计应基于火灾危害性分析的结果，以保证设计与需要防护的火灾危害相匹配。

5.3.1.3 在选择需要安装的灭火系统类型时，应按火灾危害性分析中的要求，考虑必需的响应时间、火灾抑制特性（如热冲击）和系统运行对人员和安全重要物项的影响（如水或泡沫淹没核燃料贮存区域可能达到临界条件）。

5.3.1.4 在含有高火灾荷载的场所（有深部火灾可能性的位置和需要冷却的位置），通常应优先选用水系统。在电缆敷设间和贮存区，应采用自动水喷淋或水喷雾灭火系统。对于含油量大的设备（如汽轮发电机和油冷变压器）的灭火，可采用自动水喷淋灭火系统、水喷雾灭火系统或泡沫灭火系统。细水雾系统具有喷放少量水就可以控制火灾的优势。气体灭火系统通常用于包含控制柜和其他易受水损坏的电气设备场所。

5.3.1.5 为保证灭火系统在紧急火情时能够迅速启动，应优先选择自动灭火系统。除湿式自动喷水系统外，其他自动灭火系统应具有手动启动措施。所有自动灭火系统均应设置可以终止误喷放的手动停止措施。

5.3.1.6 只有在手动启动灭火系统的延迟不会导致不可接受的损害的情况下，才可采用手动操作灭火系统。

5.3.1.7 对于仅可手动启动的固定灭火系统，应能在一段时间内承受火灾影响，以便有充分的时间手动启动。

5.3.1.8 对灭火系统的所有电气启动系统及供电部件（除探测装置本身），都应进行防火保护或将其布置在该灭火系统保护的防火区之外。灭火系统的供电故障应能引发报警。

5.3.1.9 应编制维修、试验和检查大纲，以保证消防系统及部件可正确运行和满足设计要求。相关建议和指导见核动力厂运行防火安全的相关导则。

5.3.2 水基灭火系统

5.3.2.1 水基灭火系统应能够永久性连接到可靠、充足的消防水源。

5.3.2.2 水基自动灭火系统包括自动喷水、水喷雾、雨淋、泡沫和细水雾系统。这些系统特性的概述见附件Ⅵ。根据火灾危害性分析，应在存在以下任一特征的场所设置自动水喷淋（或水喷雾）系统：

（1）存在高火灾荷载；

（2）可能出现火灾的快速蔓延；

（3）火灾可能损害多重安全系统；

（4）火灾对消防队员可能产生不可接受的危害；

（5）不可控火灾会导致难以接近灭火位置。

5.3.2.3 若火灾危害性分析表明仅使用水不能有效地处置危害（如对含有可燃液体的装置），则应考虑采用泡沫灭火系统。

5.3.2.4 除了假想火灾，水喷淋系统的设计还应该考虑多种因素。这些因素包括喷头的间距和位置、闭式或开式喷头系统的选择、喷头和执行部件的额定温度和热响应时间、灭火所需的喷水流量等。对这些因素的进一步讨论见附件Ⅵ。

5.3.2.5 为避免电化学腐蚀，水喷淋和水喷雾系统零部件的材料应相互匹配。

5.3.3 消火栓、消火栓立管和水龙带系统

5.3.3.1 反应堆厂房应设置干式或无压湿式管网和水龙带系统。反应堆厂房消火栓系统应能就地或远程操作。

5.3.3.2 室外消火栓供水环路应覆盖核动力厂所有室外区域，室内消防立管系统应覆盖核动力厂所有室内区域。室内消防立管系统应配有针对火灾的充分数量和长度的消防水龙带、足够的接口和附件。

5.3.3.3 消火栓水龙带接口和消防立管接口应与核动力厂内、外的灭火设备相匹配。

5.3.3.4 在厂区内的所有关键位置上均应配置适用的灭火器材附件，如消防水龙带、水带接口、泡沫混合器和水枪等。这些附件应可以与厂外消防装置相匹配。

5.3.3.5 通向独立厂房的每条消防支管上，至少应有两个独立的消火栓布置点。应在每条支管上设置指示型隔离阀。

5.3.4 消防供水系统

5.3.4.1 消防供水系统的主环路应按照最大供水水量进行设计。灭火设备的供水应通过主环路分配，使水能从两个方向达到每个连接处（图1）。

5.3.4.2 消防水主环路的各部分之间应设置隔离阀门（图1），并设置能显示阀门状态的就地指示。对于火灾危害性分析确定必须的防火分区灭火系统，均不应因主环路上单个阀门的关闭而完全丧失能力。消防水环路上的阀门应远离其保护范围内的火灾，以保持不受该区域内火灾的影响。

5.3.4.3 灭火系统的供水系统通常应仅用于消防。该系统不得与生产用水或生活用水系统的管线相连接，除非这些系统的水可作为消防供水的备用水，或消防供水可执行缓解事故工况的安全功能。在上述情况下，应为这种连接设置常闭隔离阀，并在正常运行期间提供阀门开闭状态监视。

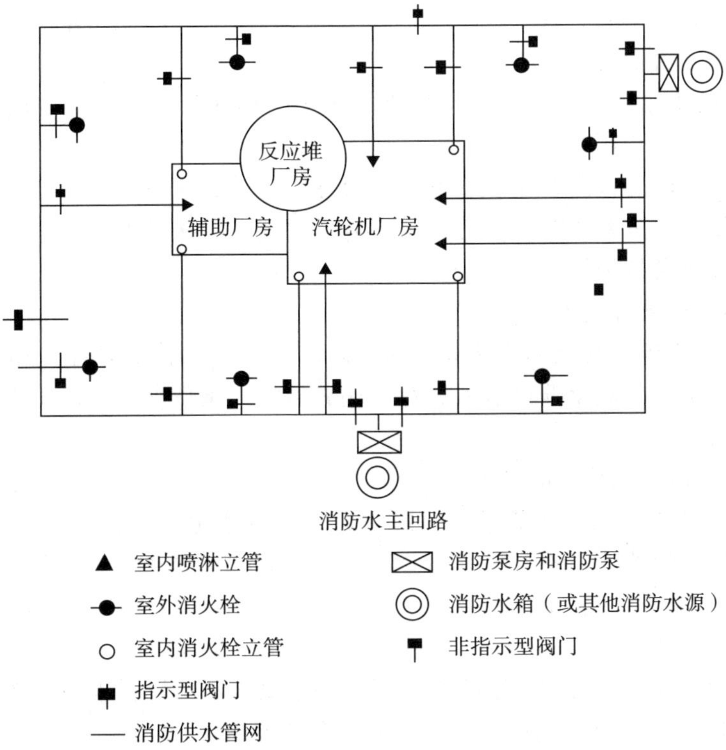

图 1 消防供水系统示意图

5.3.4.4 在多机组场址中，多个机组可共用供水设施，消防用水主环路也可在一定范围内用于多个机组。

5.3.4.5 在由消防泵运行提供必要消防水的厂区，消防泵应多重设置并相互隔离，以保证可靠、适当的供水能力。消防泵应能独立控制、自动启动和手动关闭，并由核动力厂应急供电系统和独立发动机提供多样化动力驱动，或由满足系统分级要求的柴油机供电系统中不同的系列分别进行供电。在控制室中应能够显示消防泵运行、供电故障或消防泵失效。在有冰冻危险的区域，应设置低温报警。

5.3.4.6 应根据火灾最小持续时间（2 小时）及在所需压力下的最大预计流量设计消防供水系统。该流量由火灾危害性分析得出，应以固定灭火系统运行时的最大需水量加上适当的人工消防用水量为基础进行计算。设计消防供水系统时，应考虑核动力厂内该系统最高出口处的最低压力要求，以及在低温气候条件下的防冻要求。应考虑加热保温或其他措施以防止易损坏管段的冰冻。

5.3.4.7 通常应设置两个独立的可靠水源。如果只设一个水源，则必须是足够大的湖泊、池塘、河流等水体，并应设置至少两个独立的取水口。如果采用水箱，则必须设置两个 100%系统容量的水箱。核动力厂主供水系统应保证能在足够短时间（8 小时）内重新充满任一水箱。两个水箱必须互相连通，以便消防泵能从任一水箱或同时从两个水箱抽水。在发生泄漏时，每个水箱应能隔离。应在水箱上设置可与消防车或消防泵连接的接口。

5.3.4.8 当消防供水和最终热阱共用同一水源时，还应符合以下条件：

（1）消防系统所需的供水量应是总水量中的一个专用部分；

(2) 消防系统的运行或故障不应损害向最终热阱供水的功能，向最终热阱供水功能的运行或故障也不应损害消防系统的功能。

5.3.4.9　消防水系统的供水应考虑必要的化学处理和附加过滤，以避免因碎片、生物污垢或腐蚀产物导致喷头堵塞。

5.3.4.10　应采取措施检查喷水设备（如过滤器、连接头和喷头）。应定期通过喷放试验检查水流，以保证灭火系统在核动力厂整个寿期内能持续执行功能。试验中应采取预防措施，防止水对电子设备的损坏。

5.3.5　气体灭火系统

5.3.5.1　二氧化碳及其他不消耗臭氧的气体（如氩气和氩氮混合气和氯氟烃等）可用于气体灭火系统。由于二氧化碳可能引起对工作人员的严重危害，人员正常工作区域不应采用二氧化碳系统灭火。

5.3.5.2　对气体灭火系统应考虑：

(1) 在确定气体灭火系统的需求时，应考虑火灾的类型、灭火剂与其他物质可能的化学反应、对活性炭吸附器的影响，以及热分解产物和灭火剂本身的毒性和腐蚀性；

(2) 气体灭火剂对火灾没有明显的冷却效应，需要冷却的场所（如包含电缆材料的高火灾荷载区域的深部火灾）不应使用气体灭火剂。当需要气体灭火剂扑灭油表面火灾时，应考虑在燃料冷却之前若灭火剂浓度降至低于所需最低水平后燃料重新点燃的可能性；

(3) 使用气体灭火系统的场所，应确认在所需时间段内能维持灭火剂气体所需的灭火浓度；

(4) 气体灭火系统设计应避免导致构筑物或设备损坏的超压；

(5) 气体灭火系统的喷嘴布置应避免初始喷放时吹扫火焰；

(6) 对于可能对工作人员产生危害的二氧化碳灭火系统和其他气体灭火系统，应设置启动前早期报警，以便工作人员在系统喷放前从受影响区域快速疏散。

5.3.5.3　对于可能因二氧化碳或其他有害气体从灭火系统中意外泄漏或喷放导致危险环境的场所，应采取适当的安全预防措施保护进入的工作人员。这些安全预防措施应包括：

(1) 设置当工作人员位于或可能位于系统保护区域内时防止系统自动喷放的装置；

(2) 在保护区域外设置可手动操作系统的装置；

(3) 火灾自动报警系统应在环境恢复为正常状态前持续运行（避免在火灾仍然进行时人员过早进入，并保护人员免受有毒气体危害）；

(4) 灭火气体喷放后，从厂房入口到系统保护的包容结构应持续报警，直到环境已恢复到正常状态。

5.3.5.4　应采取预防措施，防止危险浓度的二氧化碳或其他有害灭火气体泄漏至相邻的可能有人员的区域。

5.3.5.5　应设置措施在气体灭火系统喷放灭火后为受保护封闭区域通风。通常需要对受保护封闭区域进行强制通风以保证排出对工作人员有害的空气且不转移到其他区域。

5.3.5.6　应考虑安全重要物项在气体灭火系统喷放期间或之后发生局部冷却的后果。

5.3.5.7　附件Ⅶ提供了气体灭火系统的进一步指导。

5.3.6　干粉和化学灭火系统

5.3.6.1　干粉和化学灭火系统包括一定量的干粉和化学灭火剂、压缩气体推进剂、相关的分配管网、喷头以及探测和/或启动装置。发生火灾时，系统可通过手动启动，或通过探测系统控制自动或远程启动。该系统通常用于防护易燃液体火灾和某些电气设备火灾。由于干粉灭火后通常会留下腐蚀性残余物，因此对于敏感电气设备区域灭火不应使用干粉灭火剂。

5.3.6.2 所选择的干粉或化学灭火剂应与可燃物料和/或火灾危害相适应。对于金属火灾应使用特定的干粉灭火剂。

5.3.6.3 由于干粉灭火系统喷放后的受污染干粉残余物可能难于去污，应慎重考虑对可能受污染的区域使用干粉灭火系统。使用干粉灭火系统还应考虑可能带来的通风系统过滤器堵塞。

5.3.6.4 应考虑干粉灭火系统和其他灭火系统（如泡沫灭火系统）一起使用时可能出现的不利影响。

5.3.6.5 干粉灭火系统不能提供冷却和惰性环境，且只能最低程度的防护火灾危害，应采取预防措施消除或降低火灾复燃的可能性。

5.3.6.6 干粉灭火系统不易于维护。应采取预防措施防止干粉在贮存容器中结块和在喷放期间堵塞喷嘴。

5.4 移动式灭火器

5.4.1 应为核动力厂工作人员灭火提供适当的移动式灭火器，其类型和规格应与所防护的火灾危害相适应。

5.4.2 核动力厂应装备足够数量、适当类型的移动式灭火器，以及相应的配件或设施。应清楚标明所有灭火器的位置。

5.4.3 灭火器宜布置在靠近水龙带的位置，并沿着疏散和救援路线布置。

5.4.4 应考虑使用灭火器可能带来的不利后果，如使用干粉灭火器之后的清洁问题。

5.4.5 对于存在潜在可燃液体火灾危害的区域，应配备适用于扑灭该类火灾的泡沫浓缩液和便携设备。

5.4.6 在核燃料贮存、装卸或运输通道处，不应使用水基或泡沫以及其他含有中子慢化能力灭火剂的移动式灭火器，除非核临界安全评价已证明其安全性。

5.5 人工灭火

5.5.1 人工灭火是防火纵深防御策略中的重要部分。在设计阶段就应确定厂内和厂外消防队的救援能力。厂区内火灾的位置和厂外消防队的响应时间将影响人工灭火效果。人工灭火相关指导见核动力厂运行防火安全的相关导则。

5.5.2 核动力厂设计应能允许消防队及相关重型车辆进入。

5.5.3 所有防火区应设置合适的应急照明。

5.5.4 应在选定的位置安装可靠供电的固定式有线应急通信系统。

5.5.5 应在控制室和其他选定场所设置如双向无线电装置等替代通信设备。消防队应配备便携式双向无线电通信设备。在首次装料之前，应通过试验验证这些无线电装置的频率和发送功率不会引起核动力厂保护系统和控制装置误动作。

5.5.6 应在适当的位置设置自持式呼吸装置（包括备用储气钢瓶和再充气设备），以供应急响应人员使用。

5.5.7 核动力厂设备及物品的贮存布置应尽可能便于消防通行。

5.5.8 对于包容安全重要物项的场所，应制定详细的灭火预案。

5.6 排烟和排热

5.6.1 为降低温度和有利于人工灭火，应通过评价确定是否需要排出烟气和热量（包括是否需要专门的排烟和排热系统）。

5.6.2 在排烟系统的设计中，应考虑以下因素：火灾荷载、烟气传播特性、能见度、毒性、消防通道、固定灭火系统的类型和放射性释放。

5.6.3 排烟和排热系统的排出能力应取决于对防火区和防火小区中假想火灾所释放烟气和热量的评价。应在以下位置设置排烟和排热措施：

（1）包含电缆的高火灾荷载区域；

（2）包含易燃液体的高火灾荷载区域；

（3）包含安全系统且通常有人员活动的区域（如主控室）。

6 减轻火灾的二次效应

6.1 概述

6.1.1 火灾的二次效应是产生烟气（可能扩散到未受初始火灾影响的其他区域）、热量和火焰。这些效应可能导致火灾进一步蔓延、设备损坏、功能失效甚至引发爆炸。灭火系统的二次效应在3.6.2节中给出，火灾危害性分析应评价这些效应。在评价中还应考虑由源自外部火灾和临时火灾荷载产生的二次效应。

6.1.2 减轻火灾二次效应的主要目的如下：

（1）将火焰、热量和烟气限制在有限空间内，将火灾蔓延和对周边的后续影响减至最小；

（2）为工作人员提供安全的疏散和救援路线；

（3）为工作人员提供通道以便人工灭火、手动启动固定灭火系统和人工操作必要的其他系统；

（4）控制灭火剂的扩散以防止损坏安全重要物项；

（5）必要时，在火灾期间或之后提供措施排出烟气和热量。

6.2 厂房布置

6.2.1 核动力厂厂房、设备、通风系统和固定灭火系统的布置应考虑减轻火灾后果。

6.2.2 应为消防队和现场操作人员设置具备适当保护的疏散和救援路线。这些路线上应没有可燃物料。应防止火灾和烟气从附近的防火区和防火小区传播到疏散和救援路线。详见附件Ⅱ。

6.3 通风系统

6.3.1 通风系统不应损害厂房分隔要求和多重安全系统的可用性。

6.3.2 为不同安全系列防火区设置的通风系统宜相互独立并完全隔离。当包含安全系统一个系列的防火区发生火灾导致其通风系统失效后，服务其冗余系列的通风系统应能够正常执行功能。通风系统处于防火区之外的部分（风管、风机房和过滤器）应具有与防火区相同的耐火极限，或由相同耐火极限的防火阀对防火区贯穿部件进行隔离。

6.3.3 如果通风系统用于多个防火区，应采取措施保持防火区之间的隔离。应在每个防火区边界上适当设置防火阀或耐火风管，以防止火灾、热量或烟气传播到其他防火区。

6.3.4 活性炭吸附器具有高火灾荷载。吸附器火灾可能导致放射性物质的释放。应采取非能动和能动的防护措施保护活性炭吸附器免受火灾危害。这些措施可包括：

(1) 将吸附器布置在防火区内；

(2) 监测空气温度和自动隔离气流；

(3) 通过水喷淋冷却吸附器箱体外部的自动保护装置；

(4) 在吸附器箱体内部设置带人工水龙带接口的固定灭火装置。设计该系统时，应考虑到在水流量过低时过热活性炭和水可能发生反应产生氢气，应采用大流量供水以防止这种情况发生。

6.3.5 通风系统的过滤器被可燃物料（如油）污染时，其失效和故障可能导致不可接受的放射性释放，因此应采取以下预防措施：

(1) 通过适当的防火屏障将过滤器和其他设备隔离；

(2) 应采取适当措施（如上游和下游设置防火阀）保护过滤器免受火灾影响；

(3) 应在过滤器上游和下游的风管内安装火灾探测器。其中燃烧产物探测器宜设置在过滤器下游，温度探测器宜设置在过滤器上游。

6.3.6 防火区新风口的布置应远离其他防火区的排风和排烟口，距离设计应可以防止吸入烟气或燃烧产物，避免安全重要物项的失效。

6.4 火灾与潜在放射性释放

6.4.1 在火灾危害性分析中应识别出在火灾情况下可能释放放射性物质的设备。应将该设备布置在隔离的防火区内，并将该防火区内的固定或临时火灾荷载减至最小。

6.4.2 为满足安全要求，可能需要对包容放射性物质的防火区设置通风排烟措施。尽管通风排烟可能导致放射性物质释放到外部环境，但消防条件的改善可能防止更大量放射性物质的最终释放。以下两种情况应加以区分：

(1) 能够证明可能的放射性释放量低于可接受限值；

(2) 放射性释放量可能超过可接受限值。在这种情况下应采取措施关闭通风或防火阀。

在上述每种情况下，都应进行排风监测。

6.4.3 应采取设计措施保持放射性物质释放量可合理达到的尽量低。设计措施应包括监测过滤器状态等，以帮助操作人员做出操作决定。

6.5 电气设备的布置

多重安全系统的电缆应敷设在各自的专用保护路径中，宜设置在相互隔离的防火区内，且电缆不宜穿过安全系统的多重系列。在某些特定部位（如控制室和反应堆安全壳等）的例外情况，可使用经鉴定具有一定耐火极限的防火屏障（如电缆包覆）保护电缆，或根据火灾危害性分析采用灭火系统等适当方法。

6.6 火灾引起爆炸的防护

应尽可能消除在防火区内或相邻位置发生与火灾相关的二次爆炸的可能性。如果这种爆炸仍然可能发生，应评估火灾和爆炸的联合效应，并在设计中采取措施保证既不危害核安全功能，也不危害核动力厂工作人员的安全。

6.7 特殊场所

6.7.1 核动力厂主控室内不同安全系统的设备可能位置相邻。应特别注意确保在控制室中所有的电气柜、房间结构、固定家具、地板和墙面涂层使用不燃或阻燃材料。执行相同安全功能的多重设备应分别设置在独立的电气柜中，且应具有该位置最大可能的实体隔离。否则，应设置防火屏障提供必要的隔离。应尽可能将控制室的火灾荷载控制在最低水平。

6.7.2 核动力厂主控室与其他可能发生火灾的场所之间应进行充分隔离。为保证主控室可居留性，应防止烟气和火灾热气流的侵入，并防止火灾和灭火系统运行引起的其他二次效应。

6.7.3 辅助控制室的防火应与主控室的相同。应特别注意对灭火系统运行产生的水淹和其他后果的防护。辅助控制室与主控室应在不同防火区内，不应与主控室共用通风系统。主控室、辅助控制室及其相关的通风系统之间的隔离应在任何假设始发事件（如火灾或爆炸）之后能够满足本导则 2.1.3 节的要求。

6.7.4 核动力厂安全壳是一个防火区，其中的安全系统多重系列的设备物项可能相邻。在该防火区内的结构材料、安全系统间的防火隔断和防火屏障应为不燃材料。安全系统的多重系列应尽可能相互远离。

6.7.5 如果反应堆冷却剂泵电机装有大量可燃润滑油，应为其设置火灾自动报警系统、固定灭火系统（通常为手动控制）和集油系统。集油系统应能从所有潜在泄漏点和喷放点收集油和水，并将其排放到可排气的容器或其他安全场所。

6.7.6 汽轮机厂房可能包含安全重要物项，且存在大量火灾荷载，对其进行防火区划分通常较为困难。在汽轮机的润滑、冷却和液压系统中，以及发电机内的氢气环境中存在大量可燃物料。因此，除设置灭火系统之外，还应为所有包含易燃液体的设备设置足够的集油系统。应将易燃的碳氢基润滑液体的用量减至最小。如果必须使用易燃液体，应选用满足运行要求的高闪点液体。

7 安全分级和质量保证

7.1 安全分级

7.1.1 防火设施对防火安全目标的贡献取决于核动力厂的设计和布置，以及防火措施的具体方案，在设计阶段应确定防火设施的安全分级。

7.1.2 在采用火灾封锁法的场所，安全系统设备由具备抵御防火区中可燃物料完全燃烧能力的防火屏障包围。对于在火灾时失效无法执行功能会导致 2.1.1 节中目标不能满足的防火屏障，可将其确定为“安全相关物项”。

7.1.3 在采用火灾扑灭法的场所，通过材料限制、距离分隔、防火屏障或其他就地非能动防火措施、灭火系统或这些措施的组合实现防止火灾在多重安全系列之间的蔓延。对于在火灾时失效会导致 2.1.1 节中目标不能满足的火灾自动报警系统或灭火系统，可根据核动力的设计和布置将其确定为“安全相关系统”或“安全系统”。

7.1.4 鉴于火灾对核安全的潜在后果，在消防系统和设备的设计中应对其质量保证、鉴定试验和在役试验予以特殊考虑。

7.2 质量保证

7.2.1 应从核动力厂设计的初始阶段开始，对消防设施实施质量保证措施，并贯穿整个设计、建造、调试、运行和退役过程。

7.2.2 质量保证大纲应保证：

（1）设计满足所有的防火要求；

（2）所有消防设备和材料应满足基于消防要求和图纸要求的采购技术规格书，火灾自动报警、灭火设备和部件应经鉴定适于完成预期功能，且优先选用经过验证的产品，新开发的火灾自动报警、灭火设备和部件应进行鉴定；

（3）火灾自动报警系统和灭火系统的设备、部件和材料应按设计要求进行制造和安装，灭火系统和设备应完成所要求的运行前和启动试验程序；

（4）在建造、调试、运行或退役期间，一旦发生影响安全重要物项的火灾，应进行评价以保证受影响物项能保持或恢复到设计要求的能力；

（5）发布实施防火规程，火灾自动报警和灭火的系统、设备和部件应经过测试且可运行，核动力厂工作人员对于这些系统、设备和部件的运行和使用应接受适当的培训。

7.2.3 应在书面程序中明确实施质量保证大纲的控制措施。

名词解释

下列术语适用于本导则，其他术语可见《规定》中的名词解释。

燃烧　Combustion

物质与氧气进行的放热反应，通常伴随产生火焰、和/或发光、和/或产生烟雾。

火灾　Fire

以发出热量为特征并伴随着烟气或火焰或两者，以不可控的形式在时间或空间上传播的燃烧过程。

爆炸　Explosion

导致温度或压力升高或两者同时升高的急剧氧化或分解反应。

防火阀　Fire Damper

在一定条件下为防止火灾通过风管蔓延而设计的自动关闭装置。

防火隔断　Fire Stop

用于将火灾限制在厂房建筑单元内部或建筑单元之间的实体屏障。

防火屏障　Fire Barrier

用于限制火灾后果的屏障，它包括墙壁、地板、天花板或者用于封堵门洞、闸门、贯穿部件和通风系统等通道的装置。

防火区　Fire CoMPartment

为防止火灾在规定的时间内蔓延而构筑的厂房或部分厂房，防火区可由一个或多个房间组成，其边界全部用防火屏障包围。

防火小区　Fire Cell

为保护安全重要物项，设置防火设施（如限制可燃物料的数量、空间分隔、固定灭火系统、防火涂层或其他设施）以隔离火灾的区域，通过该设置使被隔离的系统不会受到显著损坏。

可燃物料　Combustible Material

可以燃烧的固体、液体或气体物质。

非可燃物料　Non-Combustible Material

在使用形态和预计条件下，当经火烧或受热时不会点燃、助燃、燃烧或释放易燃气体的材料。

火灾荷载　Fire Load

空间内所有可燃物料（包括墙壁、隔墙、地板和天花板的面层）全部燃烧可能释放热量的总和。

耐火极限　Fire Resistance

建筑结构构件、部件或构筑物在标准燃烧试验条件下保持承受所要求的荷载，保持完整性、和/或热绝缘、和/或所规定的其他预计功能的时间长度。

阻燃　Fire Retardant

物体对某些物料的燃烧起到熄灭、减少或显著阻滞作用的性质。

误动作　Spurious Action

未想到和未预计（错误的或无意的）的火灾自动报警系统和灭火系统的运行状态。

附件 I　火灾封锁法和火灾扑灭法的应用

Ⅰ.1　图Ⅰ.1 显示了火灾封锁法和火灾扑灭法的应用

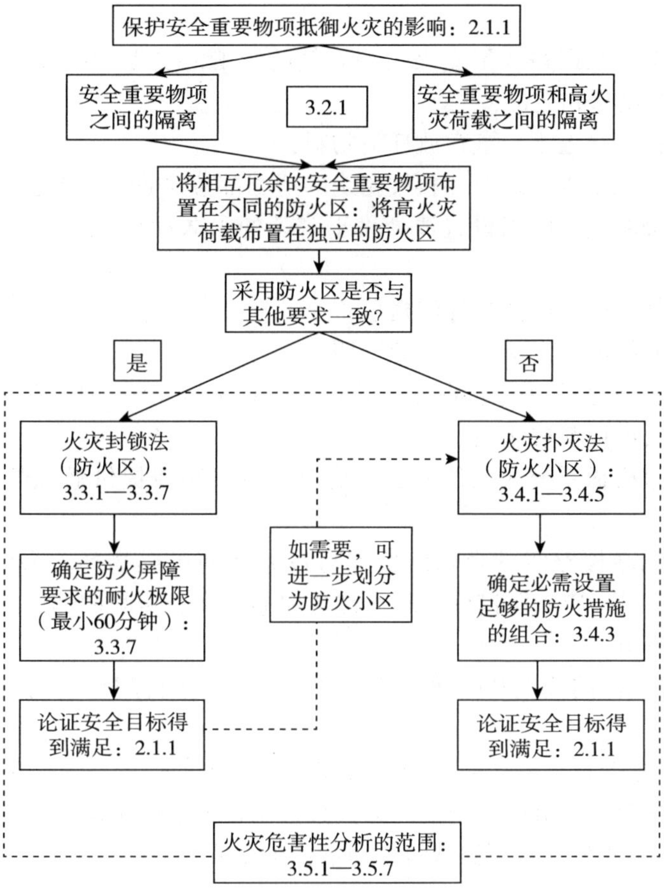

图Ⅰ.1　火灾封锁法和火灾扑灭法的应用

附件Ⅱ　疏散和救援路线

Ⅱ.1　考虑到国家建筑规范、预防事故的消防法规和规定以及核安全方面的要求，应为工作人员设置足够的疏散和救援路线。每个厂房至少设置两条疏散路线。对于每条路线应符合以下要求：

（1）应保护疏散和救援路线不受火灾和烟气的影响。受保护的疏散和救援路线包括从厂房通向外部出口的楼梯和通道；

（2）疏散和救援路线上不应该存放任何物料；

（3）应按国家法规要求在疏散和救援路线的适当部位设置灭火器；

（4）疏散和救援路线上应当设置清晰易于辨认的永久性标识。标识应指向最近的安全通道；

（5）在所有的楼梯间内应清楚标明楼层；

（6）在疏散和救援路线上应设置应急照明；

（7）在火灾危害性分析中确定的所有场所、所有疏散路线和厂房的出口处，应设置适用的报警措施（如火灾报警按钮）；

（8）应具有通过机械系统或其他方法为疏散和救援路线提供通风的能力以防止烟气聚集，便于人员通行；

（9）用于疏散和救援路线的楼梯间应保持没有任何可燃物料。为保持楼梯间无烟气，可能需要设置正压送风。应采取措施排除通往楼梯的走廊和房间的烟气。对于高的多层楼梯间应分段考虑上述措施；

（10）通往楼梯间的路线上和疏散、救援路线上应设置自闭型常闭门，且应朝疏散方向开启；

（11）应采取措施允许从安全壳气闸门快速撤出反应堆厂房。这些措施应能应对预计在维修期间和换料大修期间停留在安全壳内最大数量工作人员的疏散；

（12）应为所有的疏散和救援路线设置可靠的通信系统。

附件Ⅲ 防火屏障

Ⅲ.1 核动力厂中防火屏障的总目标是为某一空间（如防火区）提供非能动边界，此屏障具备可论证的承受和包容预计火灾的能力，并且防止该火灾蔓延到防火屏障背火面的材料和物项，或不引起这些材料和物项的直接或间接损坏。在规定的时间长度内，防火屏障应在没有任何灭火系统动作的条件下能完成这种功能。

Ⅲ.2 防火屏障耐火极限的特征是火灾条件下的稳定性、完整性和隔热性。相应的准则是：

（1）机械承载力；

（2）防御火焰以及热气流或易燃气体的能力；

（3）隔热性。当背火面温度保持低于预定值（如平均温度低于 140 ℃和任意一点温度低于 180 ℃）时，则认为满足要求。

Ⅲ.3 应验证防火屏障的背火面不释放易燃气体。

Ⅲ.4 根据非能动防火系统在火灾中的特定功能和可能作用，可以按三个性能准则进行分类：

（1）承载能力（稳定性）。承载部件试样支撑试验荷载的能力，变形量或变形率或两者均不超过特定准则。

（2）完整性。隔离部件试样按照特定准则包容火灾的能力，该准则是针对火灾引起的坍塌、孔洞和裂缝、以及背火面的持续火焰。

（3）隔热性。隔离部件试样限制背火面的温升低于特定水平的能力。

Ⅲ.5 在每一分类中，部件的防火等级以“耐火极限”（分钟或小时）表示，对应根据国际标准化组织（ISO）标准或其他标准的热试验程序中该部件可以持续执行其功能或起作用的时间段。

Ⅲ.6 在火灾危害性分析中，应确定用作防火屏障的部件（墙、天花板、地板、门、风阀、贯穿部件封堵和电缆包裹）的特定功能（承载能力、完整性和隔热性）和耐火极限。

附件Ⅳ　电缆火灾的防护

Ⅳ.1　防火措施

Ⅳ.1.1　除了用作燃料以及用作润滑和绝缘液体的液态碳氢化合物之外，大量有机绝缘电缆构成了核动力厂中重要的可燃物料来源。在火灾危害性分析中应确定电缆火灾对安全重要物项的影响。

Ⅳ.1.2　应采取多种设计方法限制电缆火灾的影响，包括：防止电路过载或短路；在电缆敷设安装中限制可燃物料的总量；降低电缆绝缘层的可燃性；设置防火措施限制火灾蔓延；在安全系统多重系列电缆之间，以及在动力电缆和控制电缆之间进行隔离。

Ⅳ.2　电缆量的控制

Ⅳ.2.1　应控制安装在电缆桥架和电缆敷设路径上的聚合物绝缘电缆数量，防止火灾荷载超过防火区防火屏障耐火极限的包容范围，并降低火灾沿电缆桥架的传播速率。这些控制措施可能包括对电缆桥架数量和规格的限制和/或对敷设在其上的绝缘体填装量的控制，且应与所采用电缆的燃烧特性相对应。

Ⅳ.3　燃烧试验

Ⅳ.3.1　尽管阻燃电缆鉴定试验的具体要求有所不同，但电缆的大尺度火焰传播试验通常包括火焰点燃源烧垂直电缆试件的项目。电缆火灾试验相关的重要变化因素如下：

（1）作为点燃源的电缆量；

（2）电缆布置；

（3）阻燃性；

（4）火灾蔓延的范围；

（5）空气流量；

（6）包容结构的隔热性；

（7）烟气的毒性和腐蚀性。

Ⅳ.4　电缆防火

Ⅳ.4.1　在某些情况下，电缆防火应设置特定的非能动保护措施，包括：

（1）降低点燃和火焰传播可能性的电缆涂层；

（2）与其他火灾荷载和其他系统隔离的电缆包覆；

（3）限制火焰传播的防火隔断。

在使用材料的选择中应考虑这些非能动措施可能导致电缆过热和许用电流的降低。

Ⅳ.4.2　经验表明用水可以迅速扑灭多数电缆火灾，因此自动水基系统（如水喷淋系统）应作为电缆火灾的主要灭火系统。成束电缆可能产生深部火灾，不易被气体灭火剂扑灭。如果采用气体系统，在设计中应考虑深部火灾的可能性。对电缆火灾通常优先选用水基灭火系统。

Ⅳ.4.3　在电缆高度集中需要人工消防作为固定灭火系统补充的场所，消防队员应针对所采用的技术和设备接受培训。

Ⅳ.4.4　在设置固定水灭火系统的场所，应屏蔽可能被水损坏的设备，或将其布置位置远离火灾危害和水。应设置排水设施排出灭火用水以确保水的聚集不会使安全重要物项失效。

Ⅳ.4.5 通过设置适当的隔离，采用火灾封锁法或火灾扑灭法可降低电缆火灾的潜在影响。

Ⅳ.4.6 在某些情况下，单独使用空间隔离（隔离空间内无可燃物）或与其他防火安全措施联合使用可以提供充分隔离，以防止多重安全重要物项因单一火灾而损坏。不可能规定一个对所有情况都能提供充分安全分隔的最小距离，应通过对具体情况的详细分析确定隔离的适当性。

Ⅳ.4.7 应优先采用设置无贯穿部件防火屏障的方法对安全系统的多重系列进行隔离。

附件V　火灾探测器

V.1　本附件针对特定应用中选用火灾探测器需考虑的因素提供进一步指导。

V.2　火灾探测器的类型

火灾探测器的主要类型有：

（1）感温探测器：包括 A）用作喷水系统触发装置的易碎玻璃球和易熔联结；B）用于电气触发探测系统的屋顶安装探测器、线型感温电缆、测温敏感元件、热电偶和电阻温度计探测器。

（2）感烟探测器（或燃烧产物探测器）：主要有离子型和光电感烟探测器。吸气式感烟探测系统利用管道连续从不同位置将气体样品引至中央感烟探测器。

（3）火焰探测器（红外和紫外探测器）：通常用于探测火焰。

（4）易燃气体探测器：用于监测可能出现易燃气体与空气混合的区域或包容结构。

（5）早期报警火灾探测器。

V.3　探测器特性

V.3.1　感温探测器一般设置在火灾危险设备临近的上方或周围，也用于空气条件可能引起感烟探测器误报警的场所（如可能存在油烟的场所）。感温探测器也用于易燃液体温度上升到危险水平的早期报警。线型感温电缆布置在靠近危险源的位置（如电缆桥架内），沿电缆长度方向上任意一点达到一定温度时动作，线型感温电缆动作可触发其周围的灭火系统。

V.3.2　感烟探测器通常比感温探测器更早探测到早期阶段的火情，因此在多数场所优先采用。在具有高电离辐射水平的场合，不应使用离子型探测器，除非针对使用环境进行了鉴定并具有可以验证其持续灵敏度的维修大纲。感烟探测器的布置点应保证其性能不会受到通风系统的不利影响。

V.3.3　红外线和紫外线探测器能迅速探测火灾。它们应用于火灾可能快速发展的场所，如柴油机房（转动机械、高热及易燃液体的组合可能导致快速发展的火灾）。选择此类探测器应注意保证其他红外或紫外线源（如热管道或阳光）不会引起误报警。

V.3.4　针对特定气体的易燃气体探测器应安装在正常和事故情况下可能出现易燃气体和空气混合物的场所（如室内氢气贮存区）。

V.3.5　基于空气取样和烟雾颗粒高灵敏度探测的探测器系统用于早期报警。某些应用光学比较方法的探测器也可比常规探测器提供更早期报警。

V.3.6　所有类型的探测器都可用作灭火系统的启动装置。具有高可靠性的感温探测器通常用于启动水基灭火系统。对于需要快速响应的高火灾危害区域（如易燃液体贮存区），通常选择感烟或光学探测器。感烟或光学探测器通常也用于启动气体灭火系统。

V.4　探测器类型和位置的选择

V.4.1　火灾探测器类型和布置点的选择应保证探测器按预计对火灾做出响应。影响火灾探测器对火势增长响应的因素有：

（1）燃烧速率；

（2）燃烧速率的变化率；

(3) 燃烧物料的特性;
(4) 天花板高度;
(5) 探测器的布置点;
(6) 墙的位置;
(7) 气流障碍物的位置;
(8) 房间的通风;
(9) 探测器的响应特性。

V.4.2 应分析评价所选火灾探测器类型和位置的有效性。

附件Ⅵ　自动水喷淋和水喷雾系统

Ⅵ.1　对于普通固体可燃物料和易燃液体火灾，一般认为水是最有效的灭火剂。已经证实水喷淋和水喷雾系统对易燃液体火灾（包括池式火灾和压力喷射火灾）的灭火是有效的。正确设计的水喷雾系统还可安全应用于带载电气火灾（如变压器）。

Ⅵ.2　水喷淋和水喷雾系统包括所有释放水以控制和扑灭火灾的消防系统，包括闭式或开式喷头系统。对于闭式喷头系统，在达到某一最低温度前，单个喷头的易熔或易碎元件可防止水喷出。对于开式喷头系统，当管道系统的阀门用手动或自动方式开启后，水将直接释放。

Ⅵ.3　细水雾系统使用超高水压和具有特殊内部设计的螺旋和涡流喷嘴，或两相喷嘴（如水和加压空气），在喷嘴喷放口处产生非常小的水滴。细水雾系统最主要的优点在于使用相对少的水量就能达到灭火的目的。由于需要较高压力，细水雾系统较为复杂。对于具体设备和设计，该系统应按照严格的预试验安排进行安装。

Ⅵ.4　所用喷头或喷嘴的类型和特性，以及系统本身的布置应针对特定危害进行选择。

Ⅵ.5　除了要考虑火灾危害性分析中确定的预计火灾以外，在设计水喷淋和水喷雾系统时应考虑多种因素，包括喷头的间距和位置、启动装置或喷头的额定温度和热响应时间、以及灭火所需喷水流量等。

Ⅵ.6　应当根据具体装置的喷放特性和火灾危害性分析中所确定需防护的火灾危害严重程度来确定喷头的间距。仅根据相关标准确定的喷头间距，不一定能适当防护所有的火灾危害。

Ⅵ.7　喷头的布置位置应对火灾有最佳响应和最佳喷水分布，并将影响水分布的障碍减至最小。

Ⅵ.8　喷水喷头的额定启动温度应适当高于正常最高环境温度。

Ⅵ.9　在火灾危害性分析中确定需快速启动水喷淋系统的场所应采用快速响应喷头，如由火灾自动报警系统中感烟探测器联动的雨淋系统。

Ⅵ.10　喷水流量和喷水强度是确定喷头对扑灭特定火灾是否有效的关键参数。水喷淋系统的喷水强度是喷头的孔口尺寸、消防给水系统的容量和压力、喷水系统管道尺寸和布置的函数。可以通过水力学计算确定预计的喷水强度。设计喷放强度应与预计的火灾强烈程度相匹配。

Ⅵ.11　水喷淋系统由于真实火灾或喷头误动作引起的喷水可能导致对湿气敏感的电气系统误动作。应在火灾危害性分析中评价喷头误喷放的可能性和喷放后果。可能需要对安全重要系统的敏感部件设置防水侵入的特殊遮蔽。

Ⅵ.12　在使用水基灭火系统的场所，应当采取措施控制可能受污染的水，应设置数量充分布置适当的疏水设施以防止放射性物质向环境的任何不可控释放。

Ⅵ.13　为了快速响应火灾，水喷淋系统应优先采用自动启动。只有在火灾危害性分析中明确论证在火灾紧急情况下水喷淋系统的延迟运行不会损害核动力厂安全的场所，才可使用手动操作的水喷淋系统。

附件Ⅶ 气体灭火系统

Ⅶ.1 气体灭火剂灭火后不会留下任何残余物，通常被称为清洁灭火剂。气体灭火剂不导电，其综合特性适合于保护电气设备。清洁灭火剂系统的不足在于灭火时需要维持一定的灭火剂浓度、系统复杂、不能提供冷却以及一次性使用属性等。

Ⅶ.2 使用气体灭火剂通常有两种方法提供保护：（1）局部应用，灭火剂朝火灾或设备的特定部件喷放；（2）整体淹没，灭火剂喷入一个防火区或一个封闭的设备（如开关柜）。有些灭火剂不适合局部应用。

Ⅶ.3 气体灭火剂的总量应足够灭火。除卤素灭火剂外的气体灭火剂通常是通过对氧气的稀释达到灭火目的。在确定所需的灭火剂用量时，应考虑包容结构的泄漏量、对于特定火灾所需的灭火浓度、灭火剂流量和设计浓度需维持的时间。

Ⅶ.4 应评价受保护包容结构因气体灭火剂喷放导致压力上升的结构效应，必要处应设置安全排气。在排气布置中应注意不要将超压或环境条件转移到缓解区域。

Ⅶ.5 应考虑气体灭火系统直接喷放到设备上造成热冲击而带来损坏的可能性。这可能在对电气柜的局部手动操作和自动喷放期间产生。

Ⅶ.6 卤代烃灭火剂通过抑制化学反应进行灭火。这类灭火剂在灭火之前或灭火期间蒸发气化，不会留下任何残余微粒。某些卤代烃灭火剂（如哈龙）由于会释放对地球臭氧层有破坏作用的挥发性溴而应禁止使用。

Ⅶ.7 气体灭火剂的整体淹没方法要求灭火剂气体快速和均匀分布至整个淹没空间。这通常通过使用特殊喷嘴和适当的系统设计在启动后的 10~30 秒内实现。当气体灭火剂比空气重时，为了尽量减少空间内的气体分层和灭火剂气体可能的更快泄漏，灭火剂气体的快速分配是特别重要的。

Ⅶ.8 对于气体灭火系统，应在调试中通过实际喷放试验或使用等效方法来实施运行试验。

附件 3　核动力厂运行防火安全

核安全导则　HAD 103/10

核动力厂运行防火安全

国家核安全局
北京 2004

1 引　言

1.1　概述

1.1.1　根据各国核动力厂发生事件的总结中得出的运行经验，证明火灾及其影响对安全系统易造成损害。按现代标准和按早期标准建造的核动力厂的运行防火安全都应采取系统的方法。

1.1.2　《核动力厂设计安全规定》中给出了设计核动力厂时对防火安全的要求，相关的核安全导则《核动力厂防火》提供了有关满足这些要求的指导。

1.1.3　在核动力厂设计、建造、调试、运行到退役的整个过程中，防火安全都是重要的。在《核动力厂运行安全规定》中制定了核动力厂运行防火安全的要求。本导则对为实现和维持满意的防火安全所必需的核动力厂的管理和运行要素提出建议，从而提供了如何满足这些要求的指导。

1.2　目的

本导则对核动力厂管理者、运行人员、安全评价人员和安全监管人员提供了在核动力厂整个寿期内为保证维持足够的防火安全水平采取合适措施的指导。

1.3　范围

1.3.1　本导则适用于新建和已建的热中子堆核动力厂，如轻水堆、重水堆和气冷堆核动力厂。总的指导也可应用于更广范围的其他类型的核设施，但具体的应用将取决于特定的技术和相关的火灾风险。

1.3.2　本导则适用于其设计符合核安全导则《核动力厂防火》中建议的防火措施的核动力厂。如不符合，还应根据这些建议做全面的评价，并应充分考虑偏离这些建议的影响（见 2.2.2）。

1.3.3　本导则包括了在核动力厂防火安全方案中应考虑的各种要素。这些要素为：纵深防御原则的应用；个人职责明确的组织机构；消防大纲（包括控制可燃物料和点燃源的管理程序）；火灾危害性分析的更新；核动力厂修改的管理；所有已安装的防火设施（非能动和能动的）的定期检查、维修和试验（适用时）；质量保证大纲；核动力厂人员的培训和人工消防能力。

1.3.4　在本导则中，不带限定词的术语“安全”用于核动力厂的核安全方面（见名词解释），以区别于术语“防火安全”。

2　纵深防御原则的应用

2.1　纵深防御

2.1.1　核设施设计要贯彻纵深防御原则，防火安全应考虑纵深防御。纵深防御概念是提供一系列多层次的防御，并应扩展到所有的安全活动中（包括组织机构、行为或有关设备）。这些多重层次防护的目的是消除人因失误或核动力厂故障的影响，并应包括辐射防护及事故的预防和缓解。火灾有可能引起共因故障，应提供预防火灾和减轻火灾后果的措施。

2. 1. 2　为了充分保证运行核动力厂的防火安全，应在核动力厂整个寿期内保持足够的纵深防御水平。为此应满足在核安全导则《核动力厂防火》中确定的如下三个主要目标：

（1）防止发生火灾；

（2）快速探测并扑灭确已发生的火灾，从而限制火灾的损害；

（3）防止尚未扑灭的火灾蔓延，从而将火灾对核动力厂安全重要功能的影响降至最低。

2. 1. 3　用上述方法应保证：

（1）火灾发生的概率降至合理可行尽量低；

（2）考虑《核动力厂设计安全规定》中所要求的单一故障准则，安全系统应得到充分地保护，以保证单一火灾的后果不会妨碍安全系统执行其需要的功能。

2. 1. 4　应通过消防系统的设计、安装和运行，防火安全的管理，消防措施，质量保证和应急安排的组合来达到 2. 1. 2 中列出的纵深防御的三个主要目标。

2. 1. 5　纵深防御的一个重要方面是人工灭火的能力。例如下述情况应进行人工灭火：

（1）如果一个或更多已有的能动及非能动系统未能扑灭火灾或封锁火灾；

（2）如果火灾发生在一个没有安装固定灭火系统的可达区域。

此外，应把人工灭火考虑成支持自动灭火系统提供的主要防火系列的补充措施。使用或依靠人工消防应在火灾危害性分析中确定和验证。

2. 2　设计

2. 2. 1　在核动力厂设计中应做出各种努力把火灾风险降至最小。通常，优先采用火灾封锁方法，以强调非能动保护，使安全系统的保护不依赖于固定式灭火系统的运行。

2. 2. 2　对新建核动力厂和已运行核动力厂（可能时），防火设计应满足核安全导则《核动力厂防火》中规定的建议。对未根据这些建议设计的已运行核动力厂，应在这些建议的基础上对现有的防火措施做全面的评价，并应充分考虑任何偏差所造成的影响。在确定了偏差后，应增强核动力厂的防火安全，或者就不修改现有状态提出技术论证*。当确定消防设施的设计需要改进时，应在实际可行的程度上遵循核安全导则《核动力厂防火》中的建议。

2. 3　防火安全管理

2. 3. 1　营运单位应以书面方式明确规定在消防大纲中以及消防活动和缓解措施（见第 3 章）中涉及的所有人员的职责。

2. 3. 2　参与防火安全有关活动的核动力厂人员应具有适当的资格，并得到培训，以便清楚地了解他们具体的职责范围以及与其他人员职责的相互关系，并了解失误的可能后果。

2. 3. 3　在消防活动和履行职责时应采用严格的方法，并在工作中鼓励人员采取质疑的态度，以促使不断的改进。

2. 3. 4　应查明可能影响安全的任何火灾或消防设备故障或误操作的原因，并采取纠正行动，以预防其再次发生。应从其他核动力厂发生的火灾中吸取消防方面的经验教训。核动力厂之间（并与国家核安全监管部门）在防火安全的有关方面应保持联络，并交换信息。

2. 4　消防

2. 4. 1　应制定程序，以保证在包含安全重要物项的区域和可能使安全重要物项遭受火

* 该技术论证必须由国家核安全监管部门批准。

灾风险的邻近区域内把可燃物料（火灾荷载）的数量和点燃源的数量降到最小。

2.4.2　在核动力厂整个寿期内应制定和实施有效的检查、维修和试验程序，以保证始终把火灾荷载降到最小，并保证安装的探测、灭火和减轻火灾影响的装置（包括建立的防火屏障）的可靠性。

2.4.3　应对核动力厂进行全面的火灾危害性分析，以便：

（1）验证现有的防火措施（非能动和能动）的充分性，以便在所有运行状态和设计基准事故下保护安全重要的区域；

（2）确定防火水平不充分而必须采取纠正措施的特定区域；

（3）对任何与《核动力厂防火》中规定的建议有偏差而又不采取纠正行动的情况，提供技术论证。

在核动力厂整个寿期内应定期更新火灾危害性分析（见第 4 章）。

2.4.4　可能会直接或间接影响已制定的防火安全措施（包括人工消防的能力）的任何修改应遵循控制修改的程序。在为维持安全而确定需要防火设施的区域内，此修改程序应保证对已采取的防火安全措施或提供有效的人工消防的能力将不会有不利影响。

2.5　质量保证

在核动力厂整个寿期内应制定特别针对防火的质量保证大纲（见第 10 章）。制定质量保证大纲的要求和建议参见有关法规和导则。

2.6　应急安排

2.6.1　应制定书面应急程序，明确规定人员在核动力厂火灾响应时的职责和行动，并使其保持最新的版本。

2.6.2　一旦发生火灾报警，应急程序应为运行人员采取立即行动给出明确的指令。这些行动的主要目的是保证核动力厂的安全，包括必要时核动力厂停运。应急程序应规定运行人员与快速行动消防组、核动力厂消防队以及地方消防队等外部应急力量的作用和相互关系。

2.6.3　应特别注意火灾中有释放放射性物质风险的情况。应保证这样的情况已经包括在核动力厂的应急安排中。应对消防人员的辐射防护采取适当的措施。

2.6.4　应定期举行消防演习，以保证一旦发生火灾，人员对他们的职责有充分的了解。应保存所有消防演习和从消防演习中得到的教训的记录。应与厂外负责消防的单位保持充分的协商和联络。

3　组织机构和职责

3.1　营运单位应制定全面的消防大纲，以保证在核动力厂整个寿期内防火安全所有方面的措施都已确定、实施、评价并形成文件。

3.2　应确定参与消防大纲的制定、实施和管理的厂区人员的职责，包括对职责授权的管理并形成文件。文件应确定在防火安全活动中所涉及人员的岗位、具体的职责、权力和指挥系统，包括与核动力厂组织机构的关系。所确定的职责范围应包括：

（1）可燃物料和点燃源的控制程序的制定；

(2) 消防设施的检查、维修和试验;
(3) 人工消防能力的确定;
(4) 应急计划制定, 包括与负责消防的厂外单位的联络;
(5) 核动力厂防火安全安排与有关各方之间的联络的总体协调;
(6) 核动力厂修改的审查, 以评价对防火安全的影响;
(7) 防火安全培训和应急演习;
(8) 有关防火安全问题的质量保证;
(9) 记录管理系统, 包括对火灾事件记录分析和形成文件的方法;
(10) 火灾危害性分析的审查和更新;
(11) 火灾事件调查中得出建议的跟踪。

3.3 核动力厂管理者应建立一个厂内小组, 该小组专门负责保证防火安全安排的连续有效性。应指派一个专职岗位人员 (防火安全协调员), 负责协调防火安全活动。

3.4 防火安全活动可以由专职防火安全人员实施、委派给核动力厂其他组 (如工程、维修、质量保证、培训和记录管理) 或承包给厂外机构或承包商来进行。防火安全的组织机构取决于上述这些不同方面实施的程度。这些不同的防火安全资源可以成功地结合起来使用。然而, 防火安全协调员应保留其保证所有防火安全活动和核安全所需的功能得到有效协调的责任, 以实现消防大纲的目标。

3.5 担任具体防火安全活动职责的人员应有足够的权力和资源, 以允许他们采取迅速和有效的行动来保证安全。这应包括当可能会影响安全时有权发出"停止工作"的指令。

3.6 在核动力厂应急计划中应考虑能影响安全的可能的火灾场景, 它应包括对机构、职责、权力、指挥系统、通讯以及火灾所涉及的不同组之间的协调方法的描述。应适当考虑厂内和厂外的资源。

4 火灾危害性分析的定期更新

4.1 在火灾危害性分析中应反映核动力厂在其整个寿期内的变动。在会影响防火安全的核动力厂任何修改以后、定期*或按照国家核安全监管部门规定的时间, 都应进行审查和更新火灾危害性分析。审查应包括可能会影响防火安全的核动力厂任何变动, 如消防系统的变动, 安全重要的核动力厂其他物项、厂房、构筑物的修改以及能影响防火安全的程序或工艺的修改, 无论变动和/或修改是临时的或永久的。作为定期安全审查过程的一部分, 还应审查火灾危害性分析, 必要时要进行更新。

4.2 当火灾危害性分析更新时, 如发现与所推荐的实践 (见核安全导则《核动力厂防火》) 有偏差, 则应进行技术论证。该技术论证应包括讨论按该实践本来必需有的核动力厂修改以及实施这样的修改不是合理可行的理由。适用时, 技术论证也应描述用来提供维持可接受的安全水平的补充设施。

4.3 如果在初始火灾危害性分析的基础上已经确定了对核动力厂修改的具体建议或运

* 一般认为, 每五年至十年和在核动力厂有重大修改后进行这种审查和更新是恰当的。

行改进，对涉及的核动力厂区域应重复进行火灾危害性分析，以确认所建议的修改或改进的适宜性。

5　核动力厂修改对防火安全的影响

5.1　应仔细审查所有提出的核动力厂修改对区域火灾荷载和防火设施可能的影响，这是由于即使非安全相关部件的修改也可能会改变区域火灾荷载或能够使那些主要用于保护安全系统的消防设施的性能下降*。

5.2　对下述核动力厂的修改，包括设计变更，应进行防火安全方面的审查：

（1）消防设施的修改；

（2）被保护的安全系统或安全重要物项或可能不利于消防设施性能的系统的修改；

（3）任何其他可能不利于消防设施性能的修改，包括影响区域火灾荷载的修改。

5.3　为评价对防火安全的影响，修改的正式审查制度应纳入整体修改程序中。或者，应专门对防火审查制定和实施一个单独的程序。审查完成以后才能开始修改。

5.4　授权执行审查防火安全问题的人员应具有适当的资格来评价修改对防火安全可能的影响，并在必要时应有足够的权力来阻止或暂停修改工作，直到已发现的问题得到满意的解决。

5.5　修改只应根据由通晓消防安全的主管人员颁发的工作许可证来进行。

5.6　如果修改需要使任何消防设施停用，应仔细考虑对由此而降低的安全系统保护水平，并且应做出适当的临时性安排以保持足够的防火水平。在完成修改以后，应检查修改后的核动力厂，以确认其符合修改设计。对于能动系统的修改，修改后的核动力厂应进行调试，并恢复正常运行（可行时）。

5.7　应审查和更新火灾危害性分析，以反映修改的情况（见第 4 章）。

6　可燃物料和点燃源的管理

6.1　可燃物料的管理

6.1.1　应建立和实施在整个核动力厂中有效控制可燃物料的管理程序。书面程序应规定对可燃固体、液体和气体的发送、贮存、装卸、运输和使用的控制。应考虑在安全重要区域的内部或其附近防止与火灾有关的爆炸。对安全重要的区域，程序应规定对与正常运行有关的可燃物料和在维修或修改活动中可能会引入的可燃物料进行控制。

6.1.2　对安全重要的区域应制定和实施书面程序，以使该区域中临时的可燃物料（非永久性的），特别是包装材料的量减到最少。当活动一结束（或以固定的时间间隔），就应把这种物料移走或暂时贮存在批准的容器内或贮存区域内。

---

* 例如：如果装有非安全相关电缆的电缆托架要直接安装在保护安全相关电缆的喷淋头下面，喷淋系统的有效性就会降低。

6.1.3 安全重要的每一区域中可燃物料的总火灾荷载应保持合理可行尽量低，同时考虑防火区边界的额定耐火极限。应保存用文件记载的在每个区域中估计的或计算的现有火灾荷载以及最大容许火灾荷载的记录。

6.1.4 在配置核动力厂家具和用品时，可燃物料的使用应降至最少。在安全重要的区域中，可燃物料不应用于装饰或其他不重要的方面。

6.1.5 应制定和实施管理性控制，以保证为评价总的火灾荷载和核动力厂厂房管理状况而对安全重要区域进行定期检查，并保证人工消防的进出通道不受阻塞和把实际的火灾荷载保持在允许的限值以内。

6.1.6 在安全重要区域内的维修和修改活动中，应制定和实施对临时性火灾荷载提供有效控制的管理程序。这些程序应包括可燃固体、液体和气体、它们的包装物及其相对于其他危险物料（如氧化剂）的贮存位置。还应包括一个颁发工作许可证的程序，该程序要求在开始工作以前需要对所建议的工作活动进行核动力厂内的审查和批准，以确定对防火安全可能的影响。负责审查可能的临时性火灾荷载工作活动的厂内人员应确定所建议的工作活动是否是允许的，并应规定所需要的任何附加的防火措施（如提供便携式灭火器，或必要时安排监火员）。

6.1.7 在安全重要的区域内应制定和实施控制易燃和可燃固体与液体的贮存、装卸、运输和使用的管理程序。应根据实际情况制定管理程序，并应对下列固体和液体提供控制。

对固体：

（1）应限制使用可燃物料（如木制脚手架）。在允许使用木制物料处，木制物料应经化学处理或有涂层，以使其成为阻燃材料；

（2）应限制贮存如活性碳过滤器和干的未使用过的离子交换树脂之类的可燃物料；这类物料的大量库存应放置在具有适当耐火等级的防火区并提供防火措施的指定贮存区域内；

（3）应限制贮存如纸和防护服这样的可燃物料；这类物料的大量库存应放置在具有适当耐火等级的防火区并提供防火措施的指定区域内；

（4）应禁止贮存所有其他的可燃物料。

对液体：

（1）在维修或修改活动中引入防火区域的易燃或可燃液体的量应限制在每天使用所需的数量。必要时应提供适当的防火措施（如手提式灭火器）；

（2）在运输和使用易燃或可燃液体时，应使用批准的容器和配量器。容器应安装有弹簧加载的封盖。易燃或可燃液体的运输应避免装在敞开容器内；

（3）如果有必要在工作区域贮存少量的易燃或可燃液体，应使用已批准设计的易燃液体箱；

（4）应在所有易燃或可燃液体容器的显著位置上贴上能清楚标明其内容物的标签；

（5）贮存大量易燃和可燃液体时，应以不损害安全的方式放置和保护，这种大量的贮存区域应由额定耐火极限的防火区或必要时采取适当的防火措施的空间分隔来与其他的核动力厂区域分开；

（6）应在易燃和可燃液体的贮存区域设置警示标志。

6.1.8 应制定和实施控制在整个核动力厂内易燃气体发送、贮存、装卸、运输和使用的管理程序。应根据实际情况制定和实施该程序，以保证：

（1）对诸如氧气这种助燃的压缩气体钢瓶应有足够的防护，应与可燃气体分开贮存，并远离可燃物料和点燃源；

（2）在厂房内需要长期使用的易燃气体源时，易燃气体源由易燃气体钢瓶或在厂房外专设的安全贮存区域提供，以使得影响贮存区域的火灾不会损害安全。

6.2 点燃源的管理

6.2.1 应制定和实施在整个核动力厂内控制可能的点燃源的管理程序。管理程序应包括控制以下方面：

（1）规定除指定的区域外，禁止在所有其他区域吸烟；

（2）禁止把明火用于试验感热或感烟装置（如火灾探测器）或用于泄漏试验；

（3）禁止在安全重要的区域使用便携式加热器、厨房用具和其他类似装置；

（4）限制使用临时性的接线。

6.2.2 应制定和实施管理程序，以控制有必要使用潜在点燃源、或者本身也许会产生点燃源的维修和修改活动。实施此类工作应用正式的书面程序的方法，即前面讨论的工作许可证制度或专门的动火证制度来控制。在所采用的动火证制度中，应制定包括工作的管理、监督、工作的授权和执行、工作区域的检查、指定监火员（如有要求）和消防通道的程序。所有涉及准备、发布和使用动火证的人员都应在正确使用该制度方面得到培训，并应对其目的和应用有清楚的理解。不管是否提供监火员，至少有一个从事该工作的人员应在使用所提供的防火安全设施方面得到培训。

6.2.3 在包含安全重要物项的区域，涉及使用潜在点燃源或可能会产生点燃源的工作，都应在考虑可能的安全后果之后才能允许进行。例如，可能禁止在安全重要功能的多重部件上或在包含这些部件的区域同时做这样的工作。

6.2.4 应制定程序，以保证在试图做任何动火工作前，要检查直接的工作区域和邻近区域是否存在可燃物料，并保证已确认了必要的防火措施的可运行性。如果工作区域的布置和设计会使火星和熔渣的散布超出原有的工作区域，就应核查该工作区域的上下空间，并且应把可燃物料移到安全区域或者加以适当的防护。

6.2.5 在动火工作时，应做例行检查，以保证遵守动火证条件、没有暴露的可燃物料存在和监火员在岗（如果在动火证中已经规定了监火员）。

6.2.6 在动火证确定了需要监火员的情况下，应遵循如下程序：

（1）在做任何动火工作前，监火员应在最接近处值班，如果监火员离开工作区域，就应停止工作；并且在明火工作完成以后，监火员应在工作区域留守一段适当的时间；

（2）在整个工作过程中，监火员不应执行其他任务；

（3）应容易获得足够的专用消防设备，如果必要，还应有迅速获得辅助设备的手段，应保持消防队员适当的出入通道。

6.2.7 在可能释放易燃气体的区域使用的设备或车辆都应经过相应的防爆合格鉴定。

6.2.8 在切割或焊接操作或其他动火工作中压缩气体钢瓶的使用，应依据在 6.1.6，6.2.2 和 6.2.6 中描述的动火证制度来控制。

6.2.9 在包含可燃物料区域的入口处应设立警示标志，提醒对人员的限制或进入的要求及永久性地控制点燃源的必要性。

7 消防措施的检查、维修和试验

7.1 为了对所有安全重要的消防措施（非能动和能动的，包括人工消防设备）进行适当的检查、维修和试验，应制定和实施一个全面的大纲。应确定大纲中专用的消防系统、设备、部件和应急程序并形成文件。当得不到这种文件时（例如，火灾危害性分析还没有进行，且其他文件又不完整时），应假定所有的消防措施对安全是重要的，除非相反的假定能够得到证明。

7.2 检查、维修和试验大纲应覆盖下述消防措施：

（1）非能动防火区屏障和厂房结构部件，包括屏障贯穿件的密封；

（2）防火屏障封闭物（诸如防火门和防火阀）；

（3）局部应用的分隔件（诸如阻燃涂层和电缆封套）；

（4）火灾探测和报警系统，包括易燃气体探测器；

（5）应急照明系统；

（6）消防水灭火系统；

（7）供水系统，包括水源、供水和分配管道、切断阀和隔离阀及消防泵组件；

（8）气体、泡沫和干粉等灭火系统；

（9）便携式灭火器；

（10）排烟和排热系统以及空气压缩系统；

（11）在火灾事件中使用的通讯系统；

（12）人工消防设备，包括应急车辆；

（13）放射性应用的呼吸器和防护衣；

（14）消防人员进入和疏散途径；

（15）应急程序。

在附录中提供了应对消防措施进行检查、维修和试验的更多信息。

7.3 对安全重要的所有消防设施应确定其可用率的最低可接受水平并形成文件。对以该方式确定的每个消防设施都应确定临时补偿措施。在不能保持给定消防设施的可用率的最低可接受水平时，或者确定消防设施不能运行时，就应临时实施这些补偿措施。应确定和审查要执行的补偿措施及其实施所允许的时间安排并形成文件。如果没有规定消防设施可用率的最低可接受水平，就应假定为100%。

8 人工消防能力

8.1 对确定为安全重要的核动力厂每个区域（包括给安全重要区域带来火灾危险的区域）应制定人工消防策略。这些策略应提供资料来补充在核动力厂总的应急计划中已提供的资料。策略应为消防队员提供所需的在每个防火区使用安全有效消防技术相应的所有资料。策略应不断更新完善并应用于日常课堂培训和核动力厂的实际消防演习中。对核动力厂每个防火区制定的消防策略应包括如下方面：

（1）消防队员进出通道；

（2）确定为安全重要的构筑物、系统或部件的位置；

（3）火灾荷载；

（4）特定的火灾危险，包括由于外部事件可能降低的消防能力；

（5）特殊的放射性、毒性、高电压和高压力危险，包括爆炸的可能性；

（6）所提供的消防设施（包括非能动和能动的）；

（7）由于关系到核临界或对其他特定事项的影响限制使用特定灭火剂，而用其他灭火介质替代；

（8）安全重要的热和/或烟敏感部件或设备的位置；

（9）固定和便携式灭火设备的位置；

（10）人工消防的水源；

（11）由消防人员使用的通讯系统（不影响安全系统）。

8.2　核动力厂文件中应清楚地描述安全重要的那些区域的人工消防能力，人工消防能力可以由适当培训过的和已装备的厂内消防队、合格的厂外服务或两者的协调结合来提供，这可根据核动力厂的需要和实际情况进行。

8.3　如果依靠厂外响应，对每个班指定的核动力厂人员应规定其与厂外消防机构协调和联络的职责，并规定在火灾实况下明确的权限，即使厂外响应是对合格的厂内消防队的主要响应作补充的情况下，也应指定相应的核动力厂人员。

8.4　人工消防能力全部或部分依靠厂外资源时，在核动力厂人员和厂外响应组之间应有适当的协调，以便确保后者熟悉核动力厂的危险。在消防计划中应用文件规定消防人员的职责和授权权限。

8.5　如果由厂内消防队来提供人工消防能力，应以文件形式规定消防队的组织机构、最少人员配置、设备（包括自持呼吸器）和培训，并应由主管人员确认。

8.6　厂内消防队人员的体格应能执行消防任务，并在分配到核动力厂消防队前参加正式的消防培训。对所有厂内消防队人员都应提供正规培训（定期课堂培训、消防实践和消防演习）。对消防队领导应提供特殊的培训，以保证他们有能力来评价火灾潜在的安全后果，并对控制室人员提出建议。

8.7　如果人工消防提供首要的消防措施，一旦发生火灾，应根据辐射防护要求尽可能保证安全地实施必要的行动。

9　核动力厂人员的培训

9.1　所有核动力厂人员和临时指派到核动力厂的承包商人员在开始工作以前都应接受核动力厂防火安全方面的培训（包括在火灾事件时他们的职责）。该培训应包括下述内容：

（1）核动力厂的防火安全政策；

（2）了解特殊火灾危险，包括对区域火灾荷载的限制并在必要时结合考虑放射性影响；

（3）可燃物料和点燃源控制的重要性及其对该区域内允许火灾荷载的潜在影响；

（4）报告火灾的方法和要采取的行动；

（5）辨别视听火警信号；

（6）火灾时撤离的方法和应急疏散路线；

（7）所提供的不同类型的灭火设备及其在灭火初期的使用。

9.2 对涉及核动力厂运行、维修和消防的指定人员，必要时包括临时指派到核动力厂的承包商人员，应制定专门的防火安全培训大纲。培训大纲应提供保证工作人员具有足够的技能并熟悉要遵循的详细程序的内容。培训应充分保证，每个人都了解他们的职责的重要性和失误的后果。专门的培训大纲应包括：

（1）通过进行设备定期检查、设备日常的和非计划的维修以及设备和系统的定期功能试验来保持核动力厂消防设施（非能动的和能动的）的完整性和可运行性的重要性；

（2）安装在核动力厂内的消防设施的设计和操作细则，以便对设备进行有效维修来保证其可运行性；

（3）设计变更和核动力厂修改对防火安全方面的影响［包括对防火安全的直接和间接影响，以及由于计划修改的结果引起对消防设施（非能动和能动）的完整性和可运行性的任何影响］；

（4）需要保证负责审查计划的设计变更和核动力厂修改的人员有足够的知识去辨别可能对消防设施有影响的问题，这就需要详细了解如在火灾危害性分析或类似的文件中规定的消防设备的设计和试验要求以及在核动力厂每个防火区域的消防设施的特定设计目的；

（5）培训可能授权或实施动火作业和可能指派为监火员的人员，以确保他们了解如切割和焊接这类活动可能带来潜在点燃源的危险；

（6）对工作许可证制度、需要动火证的特定情况以及把潜在点燃源引入包含有安全重要部件的防火区所带来的危险所做的规定；

（7）培训在工作许可证制度或动火证制度中可能涉及的人员，这些人员应接受关于进行工作和总的防火安全教育的培训，以便他们能容易地认识核动力厂中各种火灾危险，并能了解把可燃物料或点燃源引入安全相关区域的影响；

（8）熟悉安全系统的实际位置（最好通过巡视核动力厂）；

（9）熟悉核动力厂防火设施的实际位置。

9.3 核动力厂人员选择和任用的程序应对涉及消防职能和可能影响安全活动所有有关人员规定一个最低的初始资格。这一最低的资格应基于对所参与工作的必需的教育、技术能力和实际经验的评价。

9.4 核动力厂防火安全培训大纲应形成文件，并应包括：

（1）对特定人员确定专门培训的需要；

（2）编制培训教材和教案；

（3）定期评价。

9.5 应将对受训人员技术能力的评价考虑作为培训大纲的重要因素。应包括初始培训和必要时的定期再培训。培训活动应根据质量保证大纲来进行，并应在记录管理系统中形成文件。

9.6 应定期审查防火安全培训大纲的内容、完整性、有效性和整体适宜性。在考虑有关的运行经验和核动力厂修改时，审查应包括是否修改培训大纲。

10　有关防火安全问题的质量保证

10.1　消防设施通常不归入安全系统，因而它们可不需要遵循应用于安全系统的严格的质量合格鉴定要求和用于安全系统的质量保证大纲。但是火灾有可能产生共因故障而对安全产生威胁，应将安装的能动和非能动消防设施考虑为安全有关的。因此适当的质量保证水平应适用于消防设施。

10.2　对影响在安全重要区域内防火安全的活动和有关资料应建立和实施质量保证体系并形成正式文件。

10.3　应把质量保证的规定应用到防火安全的如下方面*：

（1）火灾危害性分析；

（2）工程设计依据、设计计算和计算机软件的验证，任何设计变更和修改的说明及图纸；

（3）与采购有关的文件，包括新设施或修改后设施、供应物资和设备的合格证书；

（4）新工作和修改工作的调试和安装记录；

（5）设计变更和核动力厂修改的技术审查；

（6）防火安全程序和应急计划及程序；

（7）更换的防火材料、系统和设备的贮存和使用；

（8）在每个防火区内可燃物料火灾荷载的记录；

（9）对可燃物料和点燃源的管理；

（10）使完成的检查、维修和试验程序形成文件以及应急安排的确认；

（11）监查、检查和调查报告，包括确定的缺陷和纠正行动；

（12）在完成最终纠正行动之前的对不符合防火安全要求和为弥补缺陷所采取的临时性行动的技术论证；

（13）人员的技术资格和培训记录；

（14）所有大、小火灾事件的记录，包括调查报告；

（15）触发火灾探测器和/或消防系统：

① 对实际火灾状况的响应；

② 误报警和其他非火灾的响应。

（16）消防设施的运行故障，包括计算机软件故障；

（17）防火安全的组织机构和职责。

10.4　根据适用的质量保证体系的相应规定，对防火安全上述方面的任一改变，都应控制到与原文件的技术审查和批准相同的水平。

---

* 对某些现有核动力厂，与设计、采购和调试有关的原始文件和其他文件也许不能获得。在这样的情况下，质量保证大纲应该尽可能多地应用于所列出的方面，并应特别重视核动力厂防火安全的定期审查方面。

附录 A　在防火安全检查、维修和试验大纲中包括的消防措施

本附录提供了在防火安全检查、维修和试验大纲中包括的设施、系统、设备和部件的实例表。它给出了关于实际应用本安全导则中提出建议的资料。执行所建议活动的频度将根据制造商的建议、国家的实际情况和具体的运行经验。

表 A-1　消防措施的检查、维修和试验

消防措施	检查	维护	功能试验
1　非能动防火设施			
1.1　防火屏障和厂房的结构件，包括防火墙、地板和天花板以及防火屏障贯穿件密封（机械的和电气的）：			
（1）总的状况以及损坏或性能下降的征兆，没有未密封的开口	+		
1.2　防火屏障封闭物（如防火门和防火阀）：			
（1）总的状况以及损坏或性能下降的征兆，包括可能阻碍封闭的障碍物；	+		
（2）部件可运行性；			+
（3）自动封闭和锁紧机构。		+	+
1.3　局部应用的分隔件（包括耐火涂层、电缆包套和套管）：			
（1）总的状况以及损坏或性能下降的征兆。	+		
1.4　在一个区域内对火灾荷载有影响的暂时的或贮存的可燃物料：			
（1）总的贮存状况，遵守该区域允许火灾荷载。	+		
2　火灾探测和报警系统			
2.1　火灾探测器（包括热、烟、火焰、气体取样以及易燃气体探测器）：			
（1）总的状况以及损坏或性能下降的征兆；	+		
（2）灵敏度调整和定期清洗；		+	
（3）设备可运行性和自动功能。			+
2.2　人工火警呼叫点：			
（1）总的状况，包括可达性及损坏或性能下降的征兆；	+		
（2）设备可运行性和报警功能。			+
2.3　火警控制盘：			
（1）总的状况，包括可达性和损坏或性能下降的征兆；	+		
（2）设备可运行性和声光报警功能，包括自动功能。			+
2.4　电路：			
（1）总的状况以及电缆绝缘及连接盒损坏或性能下降的征兆；	+		
（2）电路完整性；			+
（3）正常和备用电源。	+	+	
3　应急照明			
（1）总的状况以及损坏或性能下降的征兆；	+		
（2）光的照度和分布；			+
（3）设备可运行性；			+
（4）蓄电池（适用时）。	+	+	
4　水基灭火系统			

续表

消防措施	检查	维护	功能试验
4.1　喷水灭火系统，包括湿管、干管、雨淋灭火和预动作系统：			
(1) 总的状况以及损坏或性能下降的征兆；	+		
(2) 管道和支承件的完整性；	+		
(3) 阀位置和可达性；	+		
(4) 阀和系统可运行性以及报警功能；		+	+
(5) 喷水受阻；	+		
(6) 管道或喷头的堵塞（如可能时用空气加压）。		+	+
4.2　泡沫—水灭火系统：			
(1) 对机械部件，参看 4.1. 节（适用时）；	+		
(2) 泡沫浓缩液的数量；	+		
(3) 泡沫浓缩液的品质；			+
(4) 对电气部件，参看 2.1-2.4 节（适用时）；	+	+	+
(5) 人工启动方法的可达性；	+		
(6) 喷洒分布；	+		
(7) 管道或喷头的堵塞（如可能时用空气加压）。			+
5　气体灭火系统			
(1) 总的状况以及损坏或性能下降的征兆；	+		
(2) 管道和支承件的完整性；	+		
(3) 系统可运行性和报警功能；			+
(4) 有关部件（特别是喷放时间延迟）、通风联锁和非能动屏障封闭物(门和防火阀）的可运行性；			+
(5) 人工启动的可达性；	+		
(6) 被保护的隔间的密封；	+		+
(7) 气体量和压力；	+		
(8) 对电气部件，参看 2.1-2.4 节（适用时）；	+	+	+
(9) 管道或喷头的堵塞（用空气或气体加压）；		+	+
(10) 排出流受阻和喷头堵塞。	+		
6　干粉灭火系统			
(1) 总的状况以及损坏或性能下降的征兆；	+		
(2) 干粉的量、质量、状况和压力；	+	+	
(3) 系统可运行性及报警功能；			+
(4) 对机械部件，参看 4.1 节（适用时）；	+	+	+
(5) 对电气部件，参看 2.1-2.4 节（适用时）；	+	+	+
(6) 人工启动的可达性；	+		
(7) 管道或喷头堵塞（如用空气加压）。			+
7　供水			
7.1　水源：			
(1) 总的状况以及损坏或性能下降的征兆（适用时）；	+	+	
(2) 水质和容量、阀；	+		
(3) 低水位报警功能（适用时）；			+

续表

消防措施	检查	维护	功能试验
（4）预防结冰的措施（适用时）。	+		
7.2　供水分配管道以及消防栓：			
（1）总的状况以及损坏或性能下降的征兆（适用时）；	+		
（2）可获得的水压和流量；			+
（3）消火栓和阀的可达性和可运行性；	+	+	
（4）阀位置和报警功能（适用时）；	+		+
（5）预防管道内部堵塞的措施；	+		+
（6）消除水生物或生物的生长；	+	+	
（7）预防结冰的措施（适用时）。	+		
7.3　消防泵组件：			
（1）总的状况以及损坏或性能下降的征兆；	+		
（2）消防泵组件，包括电源；		+	
（3）消防泵组件（人工和自动）的可运行性，包括电源和报警功能；		+	+
（4）消防泵的性能特性，包括流量和压力；			+
（5）消防泵蓄电池（适用时）；	+	+	+
（6）非电驱动动力源的燃料数量和质量；	+		+
（7）报警功能；			+
（8）对电气部件，参看 2.2–2.4 节（适用时）。	+	+	+
7.4　出水管和水龙带卷筒/盘：			
（1）总的状况以及损坏或性能下降的征兆；	+		
（2）设备的可达性；	+		
（3）管道和支承件的完整性；	+		
（4）系统压力和流量；			+
（5）阀和系统的可运行性和报警功能；		+	+
（6）消防水龙带压力试验；			+
（7）密封垫和水龙带重新装架（适用时）；	+	+	
（8）水龙带和水枪的可达性；	+		
（9）预防内部堵塞的措施；	+		
（10）水龙带直径和长度。	+		
8　便携式灭火器			
（1）总的状况以及可达性以及损坏或性能下降的征兆；	+		
（2）灭火介质的量和压力；	+	+	
（3）对该场所灭火器类型的适宜性；	+		
（4）灭火器容器的压力完整性。			+
9　排烟以及增压系统			
（1）总的状况以及损坏或性能下降的征兆，包括管道系统；	+		
（2）风机以及防火阀的可运行性及报警功能；		+	+
（3）电源（适用时）；			+
（4）压力和流量；			+
（5）人工启动的可达性；	+		

续表

消防措施	检查	维护	功能试验
（6）对电气部件，参看 2. 1-2. 4 节。	+	+	+
10 在火灾事件中使用的通讯系统			
（1）总的状况以及损坏或性能下降的征兆；	+		
（2）系统可运行性；			+
（3）对电气部件，参看 2. 4 节（适用时）；	+	+	+
（4）电源（适用时）。			+
11 应急车辆和设备			
（1）总的状况以及损坏或性能下降的征兆；	+		
（2）可运行性；		+	+
（3）设备的存量。	+		
12 消防人员进入和撤离路线			
（1）总的状况和损坏或堵塞的征兆；	+		
（2）出入门的可用性；		+	+
（3）进入及撤离路线的标识。	+		
13 火灾应急程序的确认			
（1）现行程序；	+	+	
（2）用模拟方法进行应急程序的测试。			+

名词解释

下列术语适用于本导则

可燃物料 当遇如火或热的特殊条件下能够着火、燃烧、支持燃烧或释放出可燃蒸汽的固态、液态或气态的材料。

防火屏障 用于限制火灾后果的屏障，它包括墙壁、地板、天花板或封堵象门洞、闸门、贯穿件和通风系统等通道的装置，防火屏障用额定耐火极限来表征。

防 火 阀 在规定条件下，为防止火灾通过风管蔓延所设计的自动操作装置。

火灾荷载 计算空间内所有可燃物料（包括墙壁、隔墙、地板和天花板的面层）全部燃烧可能释放出的总热能。

耐火极限 建筑结构构件、部件或构筑物在规定的时间范围内在标准燃烧试验条件下承受所要求荷载、保持完整性和（或）热绝缘和（或）所规定的其他预计功能的能力。

阻　　燃 物体对某些物料的燃烧起熄灭、减少或显著阻滞作用的性质。

监 火 员 为了探测火灾或确定存在潜在火灾风险的活动和条件而负责对核动力厂活动或区域提供额外的（如在热工作时）或补偿的（如系统损坏时）服务的一个或一个以上的人员。这些人员应在确定存在潜在火灾风险的条件和活动方面以及在使用消防设备和恰当的火警通知程序方面得到培训。

动火工作 有可能引起火灾的工作，特别是涉及使用明火、钎焊、焊接、火焰切割、研磨或金刚石砂轮切割等工作。

点 燃 源 用来点燃可燃物料的（外部的）热源；

安　　全 实现适当的运行条件，预防事故或减轻事故后果，以保护厂区人员、公众和环境免受不适当的辐射危害。

参考文献

[1] 中国的核安全. 中华人民共和国国务院新闻办公室. 2019.

[2] 伍浩松. 美国部分核电机组未满足消防安全要求. 国外核新闻，2008（07）.

[3] 日本美滨核电厂事故全过程报道 | 发表于：2008-04-11 | 中国核电网. http://np.chinapower.com.cn/200804/11/0034582.html.

[4] Protection Against Internal Fires and Explosions in the Design of Nuclear Power Plants. No. NS-G-1.7. INTERNATIONAL ATOMIC ENERGY AGENCY. VIENNA. 2004.

[5] Lost Subs. National Geographic. USA. 2005.

[6] BBC News. 8 July, 2012.

[7] 中华人民共和国消防法. 全国人民代表大会常务委员会. 2008.

[8] Simon Taylor. Privatisatiqn and Financial Collapse in the Nuclear Industry. London. Routledge. 2007.

[9] BritishGovernment. A Programme of Nuclear Power, Cmnd. 9389. 1955.

[10] British Government. Capital Investment in the CoalGas and Electrici ty Industries, Cmnd. 1957.

[11] 石磊. 英国温斯凯尔核事故研究. 黑龙江史志，2014.

[12] “维格纳能量”积累对反应堆设计的影响. 原子能科学技术，1960（01）.

[13] The Windscale reactor accident-50 years on. JOURNAL OF RADIOLOGICAL PROTECTION. 27（2007）：211-215.

[14] 英国温斯克尔反应堆 1957 年失火事故中曾散出一些钋. 国外核新闻，1983（12）.

[15] Accident in Windscale. British Medical Journal. P1171. Nov. 16. 1957.

[16] Lorna Arnold. Windscale 1957. Anatomy of a Nuclear Accident. Basingstoke：Macmillan. 1995.

[17] http://www.cnl.ca/en/home/default.aspx.

[18] Gordon Edwards. Reactor Accidents at Chalk River：The Human Fallout. Canadian Coalition for Nuclear Responsibility.

[19] Whitlock Jeremy. Canadian Nuclear FAQ. http://www.nuclearfaq.ca/index. html#toc.

[20] 美国圣奥诺弗雷核电站发生火灾. 国外核新闻，2001（03）.

[21] 美国加州核电厂坦承仅能承受 7.0 级地震. 新浪网. http://news.sina.com.cn/o/2011-03-16/161522126599.shtml.

[22] 日核危机后美国核反应堆安全遭质疑. 搜狐网. 2011. http://news.sohu.com/20110323/n279964769.shtml.

[23] 瑞士米勒贝格核电厂获准退役. 国外核新闻，2018（07）.

[24] David Stroup, etc. The Browns Ferry Nuclear Plant Fire of 1975 and the History of NRC Fire Regulations. NUREGBR-0361. U.S. Nuclear Regulatory Commission. February 2009.

[25] 美国田纳西流域管理局网站. 22nd May 2007.

［26］ Harold E. Collins etc. Recommendations Related to Browns Ferry Fire. NUREG-0050. U. S. Nuclear Regulatory Commission. February 1976.
［27］ A Short History of Fire Safety Research. NUREG/BR-0364. U.S. Nuclear Regulatory Commission. 1975-2008.
［28］ 美国加强核消防法. 国外核新闻，1981（03）.
［29］ 最新重启的布朗斯. 费里核电厂 1 号机组仍然没有达到在 1975 年其火灾后实施的消防法规. https://www.nirs.org/press/06-20-2007/.
［30］ 德国的核燃料运抵匈牙利波克什核电站. 国外核新闻，1996（05）.
［31］ 民德承认 1976 年曾经发生一起反应堆着火事故. 国外核新闻，1990（05）.
［32］ 张炎. 俄罗斯别洛雅尔斯克核电厂. 国外核新闻，2005（03）.
［33］ R. I. Taporkv, V. N. Koinovetc. The Beloyarsk nuclear power station turns 45. Thermal Engineering ［J］. 2009. Vol56. No. 11, pp. 977-978.
［34］ P. I. ALESHCHENKOV, YU. I. MITYAEV, G. D. KNYAZEVA etc. The Beloyarsk nuclear power station. Journal of Nuclear Energy. Parts A/B. Reactor Science and Technology. Volume 19Issue 7. July 1965. Pages 547-557.
［35］ AREVA la Haguesite information report（2015 edition）. www. areva. com.
［36］ 法国阿格后处理厂地下核废物库失火. 国外核新闻，1981（5）.
［37］ 比利时人谈法国阿格后处理厂发生过的严重事故. 国外核新闻，1981（11）.
［38］ 法国阿格核燃料后处理厂起火. 国外核新闻，1980（11）.
［39］ 罗伯特. 亚美尼亚核电厂设施. 科学大观园，2011（16）.
［40］ 张果. 亚美尼亚核电机组停机 6 年后重新启动. 国外核新闻，1996（1）.
［41］ 伍浩松. 俄罗斯将帮助亚美尼亚开展核电机组延寿. 国外核新闻，2015（01）.
［42］ 阿塞拜疆亚美尼亚互相威胁：你打我水库我就炸你核电厂. 环球时报新媒体. https://world.huanqiu.com/article/3z5nEUMao2v.2020-07-17.
［43］ 刘云娇. 乌克兰扎波罗热核电厂将成为欧洲最大的核电厂. 国外核新闻，1995（03）.
［44］ https://www.sunpp.mk.ua/en.
［45］ 张炎. 俄罗斯加里宁核电厂进展. 国外核新闻，2003（12）.
［46］ 苏联又一座 100 万千瓦的水水堆并网发电. 国外核新闻，1984（11）.
［47］ http://www.aec.gov.tw/english/nuclear/files/Taiwan_ CNS_ first.pdf.
［48］ 原子能快报. 日本. 1985.
［49］ 中国台湾省一座核电厂发电机着火始末. 国外核新闻，1985（11）.
［50］ 核子周刊. 美国. 1987，28（78）：3.
［51］ 阿列克谢耶维奇. 切尔诺贝利的悲鸣. 方祖芳，郭成业译. 花城出版社，2015.
［52］ 国际原子能机构通报. 切尔诺贝利的挑战. 国际原子能机构，1997（03）.
［53］ 国际原子能机构通报. 切尔诺贝利事故后果评估. 国际原子能机构，1996（03）.
［54］ 中国国家原子能机构. http://www.caea.gov.cn/n602669/n779833/.
［55］ 刘云娇. 美国圣符仑堡高温气冷堆核电厂达到满功率运行. 国外核新闻，1982（09）.
［56］ H. L. Brey. Fort St. Vrain operations and future.
［57］ 邱大雄. 多用途高温气冷堆. 国外核新闻，1981（04）.

[58] 火灾使圣符仑堡核电厂受损. 国际核工程. 英国. 1987 (12): 5.
[59] 刘云娇. 立陶宛的核电比重占世界之首，法国退居第二位. 国外核新闻，1993 (12).
[60] 微亮. 西方将帮助立陶宛提高核电厂安全性. 国外核新闻，1994 (05).
[61] 欧盟要求立陶宛在 2009 年停止运行伊格纳林纳核电厂. 国外核新闻，2002 (06).
[62] 核专家称美国两座核电厂或发生与福岛核电厂类似事故. 2012. http://world.people.com.cn/n/2012/1224/c157278-19999282.html.
[63] 美将为 11 台机组提交二次延寿申请. 北极星电力网新闻中心. http://news.bjx.com.cn/html/20190927/1010054.shtml.
[64] 美国打破世界轻水堆连续运行记录. 国外核新闻，1985 (10).
[65] 梁仁. 美国一核电厂发生事故. 国外核新闻，1992 (03).
[66] 美国核管会批准希伦哈里斯核电厂的 2 座乏燃料贮存水池投入使用. 国外核新闻，2001 (04).
[67] 王海丹. 美国三台核电机组相继获准提升功率. 国外核新闻，2012 (06).
[68] 胡珍. 西班牙核电厂发生火灾. 国外核新闻，1990 (02).
[69] 吴德强译. 西班牙范德洛斯核电一厂的失火事件. 西班牙核安全局. 马德里. 1989.
[70] 西班牙范德洛斯 1 号堆因着火可能导致永久性关闭. 国际核工程，英国. 1989: 3.
[71] 王玉荟. 切尔诺贝利 2 号机组汽轮机厂房失火. 国外核新闻，1991 (12).
[72] 何建军. 乌克兰下令关闭切尔诺贝利核电厂 2 号堆. 国外核新闻，1999 (04).
[73] 美国核监管委员会要求采取行动对付未能紧急停堆的预期瞬发事件. 国外核新闻，1984 (04).
[74] 刘云娇. 错误判断检测结果导致美萨勒姆 2 号机组汽轮机着火. 国外核新闻，1992 (05).
[75] 印度纳罗拉核电厂一机组发生火灾. 国外核新闻，1993 (09).
[76] 揭开托木斯克-7 的神秘面纱. 冯顺. 西伯利亚研究，1997，24 (5).
[77] THE RADIOLOGICAL ACCIDENT IN THE REPROCESSING PLANT AT TOMSK. International Atomic Energy Agency. Vinnea. 1998.
[78] 田牧. 俄罗斯托木斯克-7 后处理厂铀废物贮罐爆炸事故综述. 国外核新闻，1993 (07).
[79] 美两台核电机组获准延寿. 核信息院. 北京. 2019.
[80] 日本原型快堆“文殊”获得建造许可. 日本原子能快报，1983.
[81] 日本原型快堆“文殊”的主要物理参数. 国外核新闻，1980 (15).
[82] 日本说文殊快堆的钠泄漏事件不会影响其快堆发展计划. 国外核新闻，1996 (03).
[83] 文殊快堆事故的后果及其维修情况. 英国国际核工程. 1996.
[84] 文殊快堆关闭后日本仍将继续快堆研究. 英国国际核工程. 2016.
[85] 李韡，黄厚坤. 美核管会批准帕洛弗迪 2 号核电机组提升功率. 国外核新闻，2004 (1).
[86] 日本后处理厂因放射性泄漏于二月停止运行. 国外核新闻，1983 (05).
[87] 核电厂液体放射性废物沥青固化和沥青固化物贮存中的安全防火问题. 国外核新闻，1987 (10).
[88] 罗上庚. 日本动燃事业团沥青固化示范工厂着火/爆炸事件分析及教训. 辐射防护，1999，19 (4): 296-300.
[89] 孙金华，李永富，俞马宏，等. 某核废液处理厂的火灾爆炸事故解析 (Ⅰ). 火灾科学，2003，12 (3).

[90] 孙金华，长谷川和俊. 某核废液处理厂的火灾爆炸事故解析（Ⅱ）. 火灾科学，2003，12（3）.

[91] 日本核燃料后处理厂由于灭火不彻底引起爆炸事故. 国外核新闻，1997（5）.

[92] Yasuhito Igarashi, Michio Aoyama, Takashi Miyao etc. Air concentration of radiocaesium in Tsukuba, Japan following the release from the Tokai waste treatment plant: Comparisons of observations with predictions. Applied Radiation and Isotopes, 1999.

[93] 张浦龄，刘庆林，朱梅，等. 日本核废物处理场事故对连云港地区的影响. 江苏预防医学，1997（4）：8-9.

[94] 日本沥青固化示范设施事故原因的中期报告摘要. 日本原子，1997.

[95] 日东海村核废物处理设施的事故起因. 国外核新闻，1997（6）.

[96] 日本动燃事业团再次受到批评. 国外核新闻，1998（03）.

[97] 日本 PNC 的继任机构将继续快中子增殖堆的开发. 国外核新闻，1999（02）.

[98] 日本决定关闭东海后处理设施. 国外核新闻，2014（11）.

[99] International Atomic Energy Agency. Experience Gained from Fires in Nuclear Power Plants: Lessons Learned. IAEA-TECDOC-1421. 2004.